象 外 营 造

BPD

中小学校园空间环境设计实践与思考

刘伟波 焦尔桐 张增武 刘哲 著

DESIGN AND THINKING OF CAMPUS
SPACE AND ENVIRONMENT IN
PRIMARY AND SECONDARY SCHOOLS

中国建筑工业出版社
CHINA ARCHITECTURE & BUILDING PRESS

图书在版编目(CIP)数据

象外营造:中小学校园空间环境设计实践与思考 =
BPD: DESIGN AND THINKING OF CAMPUS SPACE AND
ENVIRONMENT IN PRIMARY AND SECONDARY SCHOOLS / 刘
伟波等著.—北京:中国建筑工业出版社,2022.7
  ISBN 978–7–112–27556–4

  Ⅰ.①象… Ⅱ.①刘… Ⅲ.①中小学—校园规划—环
境设计—研究 Ⅳ.①TU244.3

  中国版本图书馆CIP数据核字（2022）第112560号

责任编辑：李成成
书籍设计：张恩蔚
责任校对：王　烨

象外营造　中小学校园空间环境设计实践与思考
BPD　DESIGN AND THINKING OF CAMPUS SPACE AND ENVIRONMENT IN PRIMARY
AND SECONDARY SCHOOLS
刘伟波　焦尔桐　张增武　刘哲　著
＊
中国建筑工业出版社出版、发行（北京海淀三里河路9号）
各地新华书店、建筑书店经销
北京雅盈中佳图文设计公司制版
北京富诚彩色印刷有限公司印刷
＊
开本：880毫米×1230毫米　1/16　印张：$18\frac{3}{4}$　字数：784千字
2022 年 7 月第一版　2022 年 7 月第一次印刷
定价：**238.00元**
ISBN 978–7–112–27556–4
　　　（39697）

序

　　伟波在大学时期就表现出了对专业的热爱和对建筑设计的执着，作为专业"尖子生"毕业留在母校山东建筑大学任教，后考取东南大学研究生，师从钟训正院士继续深造，不管是眼界、学问还是修养都大有提高。2005年回母校继续任教，之后又组建象外营造工作室，一直保持着教书、研究、设计的节奏。多年的专业教学和坚持不懈的设计实践，使他具备了一种超然象外的品性和境界。作为"专业教师"和"业余建筑师"的他，多年来始终对设计保持着纯真的初心和热爱，并且逐渐将创作和研究聚焦在中小学校园建筑上。一百多所遍布全国各地的校园设计经历是一个不小的成就，也一定程度上反映出社会对他和团队的认同。

　　从这本作品集中可以清晰地看到，在基础教育发生巨大变革的宏观背景下，设计者对于中小学校园设计的深刻思考和逐渐成熟的方法路径：通过对不同教育模式和主体行为诉求的深入解读，把握功能的合理性与形式的得体性；通过对不同场地的环境特征和制约因素的分析提取，为技术策略的采用和校园特色的塑造提供依据；通过自由舒展的建筑形体和简洁流畅的设计手法，营造富有想象力的学习空间，呈现高性价比的校园建筑。更为难能可贵的是，在这些校园设计的背后，不仅有设计者长期的实践经验积累，也有大量基于调查研究和使用反馈的分析数据作为支撑。这些调查研究涵盖了差异化的教育模式与动态的校园建设指标的关联研究、中小学校园空间规模的决策优化、校园公共空间和非正式学习空间的量化分析与评价、适应于课程改革和走班制教学的弹性教学空间设计、城市中小学通学空间的设计组织、适应高密度城市环境的集约化校园设计策略等中小学校园建筑设计领域内广泛且重要的课题。

　　这些思考和探索充分反映了伟波那种"意在笔先、笔居心后"的设计理念，更使他的作品能够准确踏上时代的脉搏。这些研究的过程和成果还穿插于本科生和研究生日常的教学工作中，也真实地"反哺"于大量中小学校园的设计实践当中，正所谓"教学相长"。我相信假以时日，这些思考和探索必能促使他在设计理论方面也有所建树，设计作品也会更加成熟，并收获越来越多的社会认可和同行肯定。

　　所谓收藏于海，不若专于一隅。伟波和象外营造团队在快速的城市化进程中，通过脚踏实地的钻研积累，找到了属于自己的舞台和"术业有专攻"的前进方向。在作为建筑师最好的年纪，真诚地祝愿也坚信未来能够看到他们更多、更好的作品。

山东建筑大学教授、博士生导师
2022年6月8日

前　言

这本集子是对工作室接触基础教育建筑设计工作至今的一次阶段性总结。从刚刚接触中小学校园类项目时，参照标准和资料案例着手进行的单纯空间操作，到逐渐意识到教育理念和教育活动的空间诉求同校园和城市环境的关联互动，再到随着实践的拓展，对差异化的教育模式以及客观环境、条件进行比较研究和针对性的策略处理，工作室团队的持续正向成长，得益于国内教育事业的变革诉求和城镇化进程提供的丰富实践机遇，也得益于一种开放且内省的工作方式。这样以项目案例加设计思考集结成册的一次回顾，是对日常工作中碎片式思考的梳理，也是一个阶段性工作闭环的构成部分。

1　引子：伴生的教育与校园空间变革

中小学校作为一种相对独立的建筑类型被广泛地加以研究和设计建造，是比较晚近的现象[1]。抛开私塾家学不论，历史上，无论是我国的传统书院，抑或西方的私立学院和公学，由于服务对象和教育目标的局限，其教育场所都与目前广泛认知的、施行正式教育的场所大相径庭。今天我们谓之校园的场所的产生，与产业革命开始的现代教育体系的建立正向并行；而校园空间形制的变化，则与教育体系的发展相同步[2]。

1.1　回溯

工作室在过去的十余年间大小百余所校园的设计经历，伴随着我们国家的基础教育事业发生深刻变革的历史进程。核心素养框架的完善，在立德树人总体目标和具体的教学实践之间，架设了可操作性的转化桥梁；学校课程和课堂教学的深化改革，呈现出"一校一策"的校本化、师本化乃至生本化特征，并催生了STEM/STEAM教育、项目式学习、情景式教学等灵活多元的教学方式；招生考试及学业评价的系统性改革，推动了以选课走班制度为代表的多样化探索；突如其来的疫情，也让此前以慕课为代表的线上教育几乎一夜间走进了普通城镇居民的生活。

与教育变革同步，各地城镇中小学校在城市建成区快速扩张的需求和消除大班额等政策目标的多重推动下，普遍迎来了更新和建设热潮。基于地震等自然灾害引发的校园建设质量反思，催生了一批技术标准的更新和制订，校园的建设质量大幅跃升。基于课程改革的要求，各地大都更新了校园建设标准，校园用地和校舍建筑的面积指标、专用教室和公共教学用房的配置数量、设备设施的配置水平得到全面提升。在各地的校园设计实践中，我们也经常能够看到突破单纯的"功能完善""设施齐全"的评价标准，通过富有想象力和创造力的空间操作，同教育模式发生积极互动的优秀案例。

1.2　反思

毫无疑问，我们正在经历的这一轮教育体系和校园空间的变革进程，在时间维度上是同步的，但同时也必须客观地看到，对于广泛的校园建设实践，教育活动和物质空间仍然是"两张皮"。典型的例子如：新建的教室普遍变得越来越大，原因是标准这样要求，但实践中很少有人去追问，在一所仍然采用编班授课制教学的A学校中，90%的时间学生坐在班级教室中听讲、刷题，多出来的面积用来做什么；而在一所选课走班、项目式学习、小组研讨探究成为常态模式的B学校中，一间普通教室除了更大的面积，还需要具备什么样的空间和设施条件，才能满足教学需求；进而，当我们可以预知A学校在未来的教育变革中将会走向B学校的模式，这样一间普通教室应该具备什么样的条件，给未来可能发生的

改造预留足够的弹性和适应性。社会化生产分工的宏观语境下，建筑师不需要，也难以同时成为一个教育家，但设计一所好用的校园，需要建筑师能够理解，甚至像教育家一样去思考，并将这些思考转译为空间语言和建造呈现。

1.3　破题

对于建筑师而言，教育家的话语体系可能是陌生的，但并非不可理解。在教育专家田慧生先生的论述中，教学环境是"学校教学活动所必需的诸客观条件和力量的综合，是按照发展人的身心这种特殊需要而组织起来的育人环境"[3]，其所论的教学环境包括由校舍建筑、教学设施等"设施环境"和班级规模、课时安排等"时空环境"构成的物理环境，以及由校园提供的信息、人际、组织、情感、舆论等非物质要素构成的影响教育教学活动的心理环境两个宏观面。环境育人的视角下，单纯的教育研究和物质空间研究得以整合，这也同环境行为学主张物质空间与使用者的行为方式、心理认同整合互动的观点殊途同归[4]。

在建筑学的范畴，核心的研究对象固然仍在"设施环境"相关的内容上，但是在教学环境的宏观框架下，"设施环境"的研究必然需要同其他类型的环境要素发生互动。狭义的空间设计研究范围被拓展至各类可能对教学活动产生影响的环境因素及其相互关系。这些互动背后的作用规律，一方面将成为设计实践的基础依据，同时也应当是建筑学本体研究的组成部分。

2　方法：回归校园设计本体的思考

谓之"破题"，事实上依然在于对"人本"的回归。以"校园空间环境"作为研究对象，未免有生造概念之嫌，但确是希望与习惯性认知中"校舍""设施""用房"等只关注物质属性的概念相区别，进而突出校园空间与教育活动相关联的场所特征。面对顶层教育发展战略的校本化、师本化和生本化落地，基于教育活动与校园空间环境内生关联的设计实践与思考，是回归校园设计本体的有益尝试，也是对习惯性套用底线标准进行的范式化设计的系统性反思。

2.1　教育变革诉求的空间环境转译

查阅关于新教育、新校园的论著，往往以科技变革、产业变革的影响推动作为论述的开端。细究之下，这一轮以信息传递方式的革命为核心的科技变革，对于教育事业的影响固然是系统的，但本质的线索，在于教育活动发生的时间、空间和内容边界的拓展[5]。在我们已经初步体验，并完全能够预知的未来，教与学两类核心教育活动，都能够跳脱课堂的45分钟，以及一间封闭教室和一块黑板的习惯性约束；而新的教育目标，希望能够大量培养将自身知识体系向综合实践技能转化，并创造性解决实际问题的产业人才。对这些线索脉络的把握，有助于我们理解这一阶段的教育变革中发生的一系列典型变化，并进一步完成其空间环境诉求的准确转译。

关于学生和学习主体性的强调： 从宏观理念，到课程体系，再到微观的课堂教学组织，新的教育变革中，"教"的作用更偏向于引导，而学生和学习在教育活动中的主体性价值得到了普遍关注。对自主学习、自我管理的强调，肯定了个体学习方式的差异。相应地，可供学生自主选择的多元化学习路径的建设，是环境育人的认知体系下最基础的空间环境注解，也成为设计操作层面最复杂的部分。对比传统认知中，教学空

间由各类教学用房＋辅助空间构成的基本逻辑，新的教学空间体系需要构建一种适宜的环境机制，以更好地配合教师的教育引导，去承载由传统被动的、必要性的课堂讲授，向主动的、参与性的自发性学习，乃至群体性、社会性的学习行为的转化[6-7]。

"新""旧"教学环境之间最突出的矛盾，在于对"非正式学习空间"的强调[8]。尽管同时承载着引导和鼓励师生之间、学生群体之间社会性交往的功能诉求，但与一般意义上公共建筑的"交往空间"相区别，非正式学习空间有着更加明确的行为指向。与班级教室和专用教室相对的通用性/公共性教学用房的配置，契合于不同组织规模和活动类型的开放活动空间与封闭/半封闭的个体/小组活动空间、室内场所与室外/半室外场所、学习家具/设备/资料/媒体的系统性支撑、与各类教室之间的功能关联、与交通/疏散空间的区别和渗透，都是非正式学习空间的设计中需要针对性考虑的要点。同时，在基础教育所覆盖的较大的年龄跨度中，处于不同发育阶段的学生，自主学习的意识、能力和参与度都存在较大差异。相应地，小学阶段非正式学习空间的设计需要更多考虑游戏活动的使用，而随着学生年龄的增长，阅读、研讨等行为将逐渐成为主体。

关于课程体系：基础教育改革的目标致力于学生核心素养的全面发展，而课程体系的改革则是教育目标实现的基础载体[9]。新的课程体系调整强调了通识教育意义上相关联的广泛的学术性科目和其他科目。对比今天的"全面"与传统的"片面"，课程内容的拓展更多在于对学术性科目以外的艺术、音乐、体育等课程，以及超越单独学科知识的跨学科实践技能的强调。

"主""辅"课程之间地位落差的一再削弱，以及学科壁垒、知行壁垒的逐步消解，在校园空间层面的具体需求指向并不简单等同于功能空间的叠加。一方面，对具有相当专业度要求的理想艺术体育活动场所的需求，意味着巨大的建设和运营成本投入，在综合利用效率和成本投入的权衡之下，类似艺体中心的空间模式以及与社区之间适当的资源共享是相对更加理性的策略。

另一方面，各类融合性、实践性课程的具体内容极其丰富，存在较大弹性。对于这些课程的实施场所而言，通用性将是设计实践中需要格外关注的操作要点。值得思考的是，在这一轮的课程改革进程中，围绕国家标准课程进行校本化、师本化的二次开发是普遍性的趋势。而学校每开设一门新的校本课程，即可能需要增加一种新的专用教室类型，这样的片面加法逻辑显然是低效的。新的课程改革需求背景之下，对教学空间通用性的关注应当是对"设施齐全"更恰当的策略注解。

关于选课走班和分层教学：选课走班是教育目标和课程改革进程下的伴生制度，结合学生自我认识趋于成熟的发展阶段，在"全面"的基础目标之上，突出对个体差异的尊重和个性化培养。"走班"的需求下，学生需要在课间10分钟完成"转班"，即对教学区内各类正式教学空间功能关联的便捷度提出了更高的要求，传统的教学楼＋实验楼的组织模式显然难以适应。相应地，在教学单体之间增加连廊等交通联系，是一种可行的策略，而教学综合体则是更为高效的空间模式。

另一方面，"选课"的制度由于突破了固定的班级编排，对教学区的功能组织产生了更加复杂的影响。对比更早推行选课制度的OECD国家，各国具体的执行模式之间存在较大差异。典型如美国，行政班的概念事实上已经被消解，每个学生拥有单独的课表，每门课的同学都可能是新的面孔。这样的模式下，班级教室向通用学科教室的转化是必然要求，一个整合了专用教室和公共教学用房的资源中心，也是应有之义。与之相对的，目前国内多数执行选课制度的学校中，行政班依然是教学行为的基本组织单元。与课改前简单的文理分班不同，选择相近课程门类的同学将被编入相同班级。同时为了降低"冷门"选课组合产生"微型班级"的可能性，不少学校通过"定二选一""定一选二"等编班方式进行调节[10]。这样的模式下，普通教室在教学空间体系内的主体作用依然相对突出，同时还需要考虑适当增加小班教室的配置。

此外，在许多采用选课走班制度的国家中，分层教学的制度也在同步推行，导致行政班和班级教室概念的进一步消解。而国内更加常见的做法是广泛存在的"实验班""快慢班"等制度，与前者相比，对教学空间组织模式的需求同样存在着明显差异。在国内选课走班和分层教学制度尚在探索的阶段中，我们很难提供一种更具有普遍适用性的具体空间策略，一校一策与弹性预留应当是设计实践中的关键着眼点。

关于多样的课堂教学方法：契合于课程体系的变化以及对学生和学习主体性的强调，在新的教育实践中，小组研讨、项目式学习、实践探究、主题式教学、情景式教学等区别于传统"反射式学习"——即以知识讲授为核心的教学方法，被认为是更加高效的模式。尽管上述教学方法的具体组织模式不一而足，但其模式本质上是原本一对一的静态、单向的信息传递行为发生了互动性转化。落实到空间环境诉求上，并不意味着某种特定类型教室的增加，而更多地指向教学活动场所的公共性转化。

这些新教学方法的采用，将导致各类教室利用效率的逐渐降低，而多义化的公共教与学空间则相应增加。随着强调互动特征的教学方法应用比例的提升，教室需要同时与其他封闭教学空间、开放公共空间保持便捷的联系和互通开放的可能性。同时，单个教室内部也需要提供对集体讲授、小组研讨、课堂表演等多样化活动的全面支持。在保持授课空间完整性的基础上，家具和教学装备的灵活移动及自由摆放、衣物鞋帽和学习资料（尤其是日渐普及的电子学习设备）的收纳储藏、教师随班办公空间、班级文化建设和多义活动空间，都是设计者需要在标准层面单纯的尺度要求之上，进一步考虑的具体内容[11]。

此外，在前述以学生和学习为中心的教育导向下，一些学校在常规的课堂教学中，尝试弱化集中授课活动的占比，而将学生自主探究和动手操作作为主体内容。在这些课堂中，学生的座位没有固定朝向，教师不断在各组之间穿插指导，并可能随时需要停下来就某些典型问题向全体同学进行讲解。这样的模式下，以讲台、讲桌、黑板为焦点的传统教室，将逐渐演变为一种去中心化、去方向性的空间模式，黑板及多媒体演示设备等信息传递媒介的设置也需要考虑照顾更多不同的朝向。

由宏观的教育理念到微观的课堂组织，开放性、多元化、灵活性，是这一轮教育变革对空间环境提出的核心诉求。同时，基于建筑学的学科视角，以共享、复合为内涵的高效空间策略和以适度的通用、可变为特征的弹性空间策略[12]，将是实现开放、多元、灵活的学习场所营造目标的理想路径。针对这部分思考，后文中包含了271教育集团——济宁海达行知中学/行知小学、长沙康礼·克雷格学校，以及尼日利亚拉各斯·亨廷顿学校四个案例，分别呈现出国内普通中小学校、国际化学校以及西方教育模式下"精英学校"三类教育模式与空间环境诉求的典型差异。模式之间的差异对比，也能够让我们对这一轮教育改革的目标、方法和空间诉求形成更加直观的认识。

2.2 多主体校园行为的友好关照

在工作室进行的设计后调查和案例学校走访研究中，我们经常会发现校长和教师对校园空间的关注点和反馈意见与学生和家长的体验观点，以及设计思考三者之间存在着细节差异。随着这一阶段教育变革的系统性深化，我们也能够看到越来越多的教育者愿意以平等的姿态参与到学生的日常行为中，通过换位思考与互动沟通，提升教育行为的探索深度。回归"人本"的校园空间环境营造，教育者、学生和以家长为主体的社会参与者的教育价值关切和使用体验都应该得到综合性的设计关照。在自上而下的功能诉求分析的同时，由教育行为参与者的日常行为路径入手的分析，将为我们营造一所友好的校园提供策略依据。

从通学交通开始：尽管从校园规划布点的宏观引导到城市道路和公共交通体系的建设，都已经将校园的通学交通问题纳入优化考虑的范畴之内，但广泛存在的高峰期拥堵和通学安全隐患依然尴尬地成为大量师生和家长每日校园体验的起始和终点[13]。校门之内，有气派的广场；而校门之外，是坐在车内或处在车流之中焦躁而紧张的孩子和家长。大量城市中小学校园的用地平衡表中有道路和广场用地，有静态停车用地，却没有必要的、同宏观城市交通相衔接的通学空间。

对以步行/公共交通为主的积极通学与机动车接送两类通学人流的严格分离和引导，是通学体验优化的基础。一方面，校园步行出入口与城市道路之间需要留设充足的集散和等候场地；对于后者，在明确教职工静态停车和动态接送车流之间差异化的空间需求的基础上，可以借鉴大型交通站的处理模式，结合适当的场地退让、弹性道路和地下空间的建设以及毗邻的公共集散场地的错峰利用，将接送车流有组织地引入后，通过拉长的缓行流线和即停接送站的设置予以消化。此外，一贯制学校中不同学段集中到校/错时放学的作息规律、低龄阶段与高龄阶段接送比例和积极通学占比的差异、寄宿学校集中接送与走读学校日常通学的模式差异，也是设计者需要进行针对性考虑的延伸问题。

课堂之外： 学校是社会生活的开端，而教育的目的是让人生变得更有意义。围墙内的校园，之所以能够与人们关于乌托邦的美好想象联系在一起，是基于一系列单纯生活记忆延续。在教育观念的演进过程中，学会和体验生活成为越发被普遍接受的价值导向。在一个象牙塔式的环境搭建过程中，保证安全、功能、效率、舒适、卫生，是成年人易于理解的部分，而关于孩子的、最生动的部分却容易被忽略。

基于学术严肃性的仪式与秩序感是大量校园希望传达给体验者的第一印象。但一方面，设计者需要权衡仪式性的传达是否采用柔性的叙述，抑或直白的赋予。孩子们是生而"不规矩"的，甚至从一栋楼到另一栋楼的机械性的穿行过程也可能演绎出意想不到的"奇葩"路径。谓之"从心所欲不逾矩"，天马行空的诗意想象、林间嬉戏的纵情野趣，都需要适当的环境加以安放。课堂之内的设计鼓励自主学习，解决问题；课堂之外的设计通过留白引导自主探索，发现意义。

面对客观国情下人口与建设用地供给之间的矛盾，城市校园需要尽可能地利用垂直维度去提供足够的空间容积，但当教室被层层叠置的同时，课间的十分钟也应当被一并抬升。动态/静态、个体/群体、室外/室内，孩子们的课间场景是生动的，相应的空间操作当然也不应只是加宽走廊一个维度；色彩/触觉/听觉、光影/天空/绿荫，孩子们之所以尖叫着追跑，是因为构成生活的悦人元素不止干净的白色墙壁一个维度。

对于名为"生活区"的宿舍和餐厅，理应更加贴近生活原本的面貌。吃饭、睡觉的地方，同时是个体之间、社群之间能够以最自然而然的方式发生信息交流、互换的地方；也是自理与互助、服务与被服务、包容与谅解等社会品格在家庭之外最重要的习得场所。

鼓励社区共育与家校共育的空间机制： 教育家们希望打破校园教育的边界，通过家校共育、社区共育等互动模式的发展，借助更广泛的社会资源，同时实现教育活动时空边界的拓展、学生实践能力和参与度的提升以及教学资源丰富度和利用效率的优化。另一方面，家长希望通过对校园教育的适度参与，获取正确的家庭教育方法，并对校园教育形成必要的监督。而宏观的社区居民则希望能够适度地共享校园内的教育和设施资源。

信息交流手段的革命，为共育理想提供了高效的技术支持，但同时，外部主体对教育行为的在场参与诉求，则需要与之相适应的空间环境机制进行承接。需要厘清的是，一个面向社区的开放性、参与性的校园环境的构建，同围墙的存在与否没有必然关联，而与围墙隔断了校园中哪些部分与社区之间的关联相关。核心在于需要将校园空间的组织布局放在更宏观的社区环境中进行讨论，相应的空间操作，最终将落位于校园与社区之间，空间和设施资源的共享策略选择，也有赖于背后的产权归属等衍生的复杂公共管理层面的机制协调。

微观上，日常的问询接待和访谈、校园文化和教学成果的集中展示、家长委员会和社区活动的开展，需要校园拥有能够直接面向社区开放且不会影响内部安全管理和教学秩序的、相对独立的窗口性空间。在经过公共安全卫生事件的危机教育之后，教、学和后勤服务三条基础流线以外，外访人员参与路径的规划和引导同样需要引起设计者的足够重视。

空间是生活的现场，环境是生活的存在方式[14]。对行为细节的关照和友好的环境体验无疑是复杂的：校园环境的气候适应性以及因之带来

的体验优化、具体到每一个阴阳角构造的安全性处理、校园空间环境的均好性、促进师生互动的环境机制等，都是这个开放命题内涵的不同层面。针对这部分思考，书中包含了潍坊峡山双语小学、邹平渤海实验学校、北大新世纪章丘实验学校以及271教育集团—东阿南湖行知学校四个案例，分别从日常穿行体验、色彩和尺度体验、高密度校园中的街巷空间体验等层面进行了管中窥豹式的探讨。

2.3 原生环境特征与校园身份认同

"建造一个有特色的校园"，是几乎所有的校园设计任务需要面临的基本语境。"特色"意味着某种差异化的呈现，但呈现的内容和具体方式，则存乎于对"向谁呈现"的受众导向以及提供这种差异的意义的解读。教育的社会属性，固然要求校园必须面向外部泛化的社会受众传递一种可见的信号，以支撑校园存在的"价值"，但校园所承载的基础教育行为却具有更加明确的，也应当获得更多设计关注的内向性主体。"特色"是对环境育人的视角下"一校一策"诸多面向的抽象概括，但不同的教育模式、不同的场地特征——这些构成"特色"的内容无疑是具体的。校园的环境特色的营造，不应该演变成为了追求不同而刻意不同的形式"内卷"，而应当将核心导向锚定为通过特定的在场体验，在师生群体中形成一种"我来自那里，那里有很多不同"的身份认同，进而真正实现教育环境特色的价值。

形成这种在场体验差异化价值的路径，自然包含了校园空间与教育模式之间的伴生机制，也必然包含物质空间和原生环境之间的关联策略。在原生环境的大标题下，校园空间与自然基质——山体、水面、绿地之间的关联，是易于被阅读并转化为设计操作的。如同后文中提及的吉首中驰·湘郡礼德学校（一期）：沈从文先生笔下那湘西小城边缘的绵延不断的石头山，便是教养丘《边城》文中纯美、坚忍的人性特征的环境基础。如果校园环境需要向孩子们讲述些什么，那莫过于在里面留下关于这些山的记忆，让孩子们在体验中倾听。在保留了清晰的原生特征的场地环境中，基于生活方式与自然基质的朴素关联而形成的场地意义，已经构成了对宏观教育目标下人文素养和家国情怀的环境呈现最为生动的注解，设计操作的策略反而可能需要更倾向于留白。

另一方面，在建立于现代交通工具的可达范围以及信息传递的便捷度之上的城市环境中，设计者必须面对的、更加普遍的"原生"环境语境，则是生活和生产方式与自然要素之间的关联已经退居隐性，或者仅仅保留一些模糊的、抑或碎片化痕迹的事实。在具体的校园建设过程中，很多决策者和设计者转而希望依托在城市文化基因层面的挖掘和解读，去形成对校园空间环境身份的表达。值得关注的是，当形而下的物质基础和形而上的意义通过分析的方法形成分类的认知之后，二者之间的关联不应当在实践操作中被无意识地忽略。如同后文中提及的鹤山市广旭实验学校（一期）：在以"第一侨乡"为名片的城市环境中，传统聚落中先民们对属于那个时代的摩登形式的历史认知和建筑表达之外，背后提示的开放多元的生活姿态，以及与岭南山地环境和气候特征相适应的空间模式，对校园空间环境生成的启发是更值得被挖掘和传承的部分。

在真实的历史语境之外，我们无从考证先贤们传道授业的"杏坛"的真实形制到底如何，也没有必要去再造一处"杏坛"来标榜教育环境的意义。反倒是一个真正能够支撑"有教无类""因材施教"的空间机制，以及对越发普遍且尖锐的高密度城市条件下，校园与气候、城市交通、社区共享、课堂体验、自主活动等诸多具体问题和行为细节的关照和回应，更加容易使校园内的行为主体产生真实的环境共情。

此外，在核心城市普遍进入高质量发展阶段的新城镇化背景下，大量小城镇可能面临着大城市曾经历的"速生"语境。例如后文中呈现的位于曹县县城的三所小学校园的设计建造过程：在解决大班额的政策推动和旧城更新的公共设施诉求下，大量校园项目在短期内同步建设，"破旧迎新"的迫切需求叠合建设用地和资金投入的局限，诸多熟悉的典型因素都可能在设计者无意识的被动操作中又一次转化为特色缺失的遗憾。

在后文十几个项目案例的具体思考和实践呈现中，我们按照教育行为、自然环境、学生行为、城市环境四个专题进行了逻辑编排，以便就

项目个案的突出特征进行集中的对比和讨论。但事实上，对于每个校园而言，这些主题下具体的内容构成了设计中的特征变量，但主题之间的内生关联却是统一于教育空间环境视角下的常量。校园空间环境的设计，既需要强调共时性视角下的条件和结果之间点对点、系统对系统式的相互锚定，同时也需要关注历时性视角下条件和结果发生转化的过程逻辑。

3 尾声：关于校园空间环境设计过程的讨论

2016年底，中国教育科学研究院发布了《中国未来学校白皮书》，让关于"未来"的讨论成为校园空间环境的研究视野中最重要的主题之一。在共时性的视角下，"未来校园"的内涵是具体的和具有可操作性的——围绕新时代教育目标、学习模式、技术手段的变革，逐步形成一种新的、直观的、具有普遍参考价值的校园环境"范式"。同时，谓之"未来范式"，也应当提供一种应对于更广义的未来的、开放的、动态的、过程方法维度的机制框架，以避免"未来"在另一个时间节点再次畸变为制约变革的人为壁垒。在已经形成广泛认知的"前策划——后评估"的设计过程闭环中[15]，我们不难找到关于校园空间环境设计过程控制的一些具有重要意义的关注点。

设计决策中的多主体互动机制：关联要素的复杂性决定了基础教育校园的建设决策并非单纯的城市管理问题、教育学问题或建筑学问题。正如"深圳福田新校园行动"的报道与反思中提到的，单纯以满足底线标准为价值取向的公共设计管理程序，以及缺少教育专家参与的决策、设计和建造过程，客观上对校园物质空间与教育活动的协同整合造成了人为壁垒[16-17]。同时也能够预见，在家校共育、社区共育机制逐步完善的过程中，校园的设计和建设决策参与主体的范围有可能，也有必要发生进一步拓展，从而通过需求导向内涵的进一步完善，对宏观资源配给的效率进行优化。"一校一策"的定制语境下，满足特定的模式需求固然是基础，但效率和弹性，也是适应"未来"题目的必要策略。决策过程的转化，对设计者提出了更高的要求。站在学科的主体论视角，面对越发多元的意见参与，在切实理解各方需求关切的基础上进行主动的方案整合和积极的技术意见反馈，进而形成一种良性的多主体互动，无疑比被动的配置逻辑和多头决策意见之间的反复试错更加高效。

方案生成过程中的量化控制和支撑：内化的社会属性以及教育层面的功能诉求、行为层面的友好关照、原生环境的身份认同三者之间的密切关联，使得校园空间环境的设计建造既不同于部分其他类型的公共建筑，可以给设计过程提供边界足够开放的、关于"作品性"的探讨和演绎空间，也不同于生产性建筑，能够以纯粹的功能和技术理性进行线性推导。尽管一套静态的、不考虑地域条件、教育模式等具体差异的指标体系，在客观上无法适应新的教育变革对校园空间环境的多元化诉求，但对容积率——可比容积率、建筑密度等一般性指标，以及生均用地、生均面积、开放活动空间系数[18]、校园的理论空间规模[19]等诸多特化指标，与差异化的场地条件、教育模式诉求、典型空间组织模式之间的关联规律和推演方法的深入理解，的确有助于在设计过程中，形成对定性的方案生成过程的理性控制和便捷支撑。在呼吁规范和标准更新的同时，标准本身的滞后性特征不应被有意忽视和过分苛责，相应地，推动一种更加开放、动态、适应性的量化控制和支撑机制的逐步建立和完善，也是值得校园建设的参与各方共同思考的题目。

用后调查与适宜性的设计策略：对校园空间环境设计的认知，一方面源于设计实践的积累，同时——或许更重要的，源自于大量在学校支持下进行的调查研究和用后反馈意见的积累。与常规设计过程由概念到落地、由宏观到具体的生成逻辑相对的、由点及面、由具体问题到一般规律的调查和研究逻辑，无疑将有利于系统性认识的形成。如同前文述及的，教育活动中不同类型参与主体的行为特征和体验关切是存在差异的，相比于短时间的参观和单一主体的访谈，隐蔽性的观察、多主体访谈和问卷等不同调查方法的综合互证，将提供更加切实的信息和资料支撑。

在跨地域的实践和研究中，我们也得以切实地体会到基于各地、各校不同的发展条件，围绕宏观的变革目标所产生的差异化的教育模式解读和建设关切。校园的设计建造必须面对公共资源投入的"锚"，一所中心城市的学校可能拥有6000元以上的单方建设预算，用以建造同新的教育模式需求契合度更高的校园，而一所欠发达城镇中定位"高端"的民办学校也可能只有不到3000元的单方建设预算去追求同样的教育理想。不均衡的发展条件是阶段性的客观现实，如同变革理念深入人心的今天，众多教育活动的参与者依然在"素质"与"分数"之间反复拉扯。但确定的是，发展和变革依然是主题，相应地，面向当下的适用和面向未来的弹性都是设计过程中应当综合权衡的内容。

这本集子不是一套系统性的设计指南，也不是一本严格的学术论著，而是关于工作室设计思考和实践经历的概要梳理。成长于这样一个持续变革向上的时空环境，我们无疑是幸运的。同时，这些思考和实践也必然是有局限性的，甚至于受到诸方主、客观条件的影响，部分阶段性的实践与思考之间存在可能是相互矛盾的结果呈现。我们并不希望刻意回避这些局限和矛盾，而是试图提供一个相对完整的、开放性的框架，以期与同样执着于中小学校园设计探索的同行们相互探讨。

参考文献

[1] 李曙婷. 适应素质教育的小学校建筑空间及其环境模式研究[D]. 西安建筑科技大学, 2008.

[2] HILLE R. T. 现代学校设计：百年教育建筑设计大观[M]. 胡舒, 译. 北京：电子工业出版社, 2014.

[3] 田慧生. 教学环境论[M]. 南昌：江西教育出版社, 1996.

[4] 李斌. 环境行为学的环境行为理论及其拓展[J]. 建筑学报, 2008（2）：30-33.

[5] 休·安德森, 高强. 教育革命带来的英国教育建筑设计转变[J]. 建筑学报, 2011（6）：105-109.

[6] 扬·盖尔. 交往与空间[M]. 何人可, 译. 北京：中国建筑工业出版社, 2002.

[7] 李卫东. 信息技术支持下的主动式学习空间设计[J]. 住区, 2015（2）：56-65.

[8] SCOTT-WEBBER L. 非正式学习场所[J]. 住区, 2015（2）：30-45.

[9] 王策三. 教学论稿（第二版）[M]. 北京：人民教育出版社, 2005.

[10] 赵亮. 选课走班制下的高中教学空间设计研究[D]. 山东建筑大学, 2021.

[11] 焦尔桐, 安琪, 刘伟波. 城市民办小学普通教室空间构成研究[J]. 新建筑, 2018（5）：88-92.

[12] 吕一玲. 基于我国课程改革的中小学弹性教学空间设计研究[D]. 山东建筑大学, 2021.

[13] 肖瑜. 城市小学通学空间设计研究[D]. 山东建筑大学, 2020.

[14] 金勋. 空间与环境[J]. 朔方, 2011（4）：24-25.

[15] 庄惟敏. "前策划——后评估"：建筑流程闭环的反馈机制[J]. 住区, 2017（5）：125-129.

[16] 周红玫. 从策动到行动——"福田新校园行动计划"机制创新的回溯与反思[J]. 建筑学报, 2021（3）：1-9.

[17] 张健. 学校建筑本身就在发生教育[J]. 建筑学报, 2021（3）：52-53.

[18] 焦尔桐, 刘伟波. 小学开放活动空间的基本量度与设计过程控制[J]. 新建筑, 2020（6）：42-46.

[19] 焦尔桐. 设计前期中小学空间规模的优化[J]. 西安建筑科技大学学报（自然科学版）, 2019, 51（3）：418-425.

目　录

序
前言

第一章·教育行为与校园空间

礼·诗·野　011　271教育集团—济宁海达行知中学
彩虹下的梦　039　271教育集团—济宁海达行知小学
再生·承脉　055　长沙康礼·克雷格学校
另一种模式的思辨与实践　079　尼日利亚拉各斯·亨廷顿学校

第二章·自然环境与校园空间

青山窗楣舞　091　吉首中驰·湘郡礼德学校（一期）
彩云下的乌托邦　119　昆明行知中学
半拥青山半藏山　137　台山市广旭实验学校（一期）
快乐山谷　159　鹤山市广旭实验学校（一期）

第三章·学生行为与校园空间

快乐足迹　179　潍坊峡山双语小学
方体·色彩·幻想城　203　邹平渤海实验学校
绣江之印　215　北大新世纪章丘实验学校
彩色盒子的舞蹈　229　271教育集团—东阿南湖行知学校

第四章·城市环境与校园空间

城市中的成长聚落　239　271教育集团—潍坊瀚声学校
友善的秩序　265　济阳区新元学校
小城更新运动中的校园建造　277　曹县县城的三所小学：（曹县磐石路小学、第四完全小学、汉江路小学）

致谢

1

第一章 · 教育行为与校园空间

教育家改变着教育模式的现在
设计者着眼于校园环境的未来
我们走在一起
希望给孩子们提供一个这样的学习环境
在这里，满载着人文理想
让孩子们感受诗意与理性
在这里，肩负着社会责任
让孩子们体验开放与秩序
在这里，充溢着生活的原动力
让孩子们多一点欢乐，多一点自信，多一点交流与沟通……
或许，多年以后
他们会自豪地说，我来自那里
那里有很多不同……

 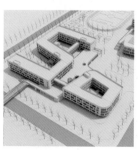  

礼·诗·野
271教育集团——
济宁海达行知中学

彩虹下的梦
271教育集团——
济宁海达行知小学

再生·承脉
长沙康礼·克雷格学校

另一种模式的思辨与实践
尼日利亚拉各斯·亨廷顿学校

礼·诗·野

271 教育集团—济宁海达行知中学

建设单位：山东海达开发建设股份有限公司
项目地址：山东省济宁市高新区
设计时间：2016.5~2016.10
竣工时间：2017.8
办学规模：150班中学，其中初中90班，高中60班
用地面积：22.16hm^2
建筑面积：17.72万 m^2

项目建筑师：张增武、焦尔桐
方案团队：张洪川、于文原、王洪强、安琪、郑洁、田雪、张天宇

海达行知学校位于孔孟之乡山东省济宁市。新世纪的发展中，产业的集聚使得东部新区快速崛起为全市经济增长的主要推手。在新的规划中，东部新区被梳理为以600m的大尺度网格为基本框架的"科技新城"，强调生产和交通的线性效率。同时，产业人口的聚集，也使得中小学校等基础配套设施的同步建设，成为城市发展中突出的阶段性矛盾。海达行知学校216班的巨型寄宿制K12校园，即是这类速生新城语境下的建造实践。

4个月的设计周期和不足10个月的建造周期，既是新区发展规划的严苛要求，也得益于学校的使用主体在设计建造全过程中的深度参与方能迅速落地——这是一所"先有学校，后有建筑"的校园。

在学校赵丰平校长的价值愿景中，教育是"让松树成为好松树，让柳树成为好柳树"，关注每一个孩子的成长。在方法论层面，被具体为基于国家课程二次开发的生本化课程体系：教师引导、项目依托、学生探究为主体的灵活课堂，以及强调自我规划、沟通协作的开放式教育管理。

规模庞大的校园，为丰富的课程教学和文体活动提供了空间支持，但一方面，"大"本身容易导致空间和交通效率的损失，"丰富"的功能需要通过共享、复合的弹性策略，对"大"的边际加以锚定。另一方面，大尺度网格新城与巨型校园构成的基本环境特征，事实上与孩子个体成长中身份认同的感知与发展规律相矛盾，需要通过层级化的空间拆解，让校园能够切实地适应不同组织规模和形态的教、学活动的多元需求。"大"与关注个体成长的教育模式，构成了校园设计建造的核心矛盾，也引发出以"共享、复合、多元"为核心的策略思考。

地块内的"T"字形规划支路被保留下来，作为中学和小学两个校区的划分依据，避免了两个校区的主要出入口同时开向城市干道。支路北侧和西侧的校园建筑退界做了适当增加，以利用城市绿带设置充足的机动车接送站。

综合权衡超大规模校园管理的便利性以及建筑空间和内部交通的效率，校园采用了建立在功能理性基础上的教学、生活、文体活动分区布局的逻辑。在校际、校区、学部组团等不同层级的空间组织内部，各分区之间形成三角形的拓扑关联，以消减过大的校园尺度对内部交通效率的不利影响。包含1500座演艺厅、游泳馆、篮球比赛馆等主要场馆及辅助文

体活动空间的艺体中心置于北侧中学校区的东南角，形成中、小学两个校区之间的资源整合和共享，并在非教学时段面向社会开放。

在办学规模达到150班的中学校区内部，7~9年级与10~12年级共享生活区，同时分别拥有独立的教学和运动场地。为了消解功能理性的校园布局在体验上的生硬感，设计中基于师生日常通学以及每日寄宿生活的行动轨迹，通过"礼仪""诗性""野趣"的主题线索，分别对应校前区、教学区和生活区的差异化场所特征，对校园场地和建筑空间进行系统梳理，形成尺度适宜的多元环境体验。

核心教学体量整合为以学部为单位的教学综合体模式，包含各类使用频率较高的教、学功能。学部内共享的专用教室和公共教学功能靠近体量中心，形成"资源中心"；以年级为单位的标准教学单元朝向周边辐射，以平衡超量的办学规模与便捷度之间的矛盾。

综合体内部的各类"用房"，通过层级化的非正式学习空间体系进行结构化的整合。资源中心内的大尺度开放空间对应以年级到班级为组织单位的公共活动和项目式教学使用；层间由楼梯间、卫生间等辅助用房挤出的走廊扩大空间，对应小组到个体尺度的延伸学习行为。与交通和疏散流线的柔性区隔，保证了这些非正式学习空间的使用品质；差异化的尺度和形态、功能性家具设施和智能化系统的配套植入以及室内与室外的丰富环境渗透，提供了多元化的功能和体验。希望每个孩子通过自发探索，都能发现自己最舒适的学习参与方式和空间场所。

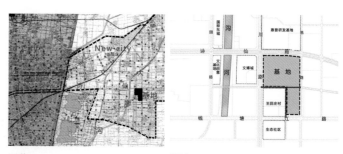

区位　　　　　　　　　　　　　　场地

中学部鸟瞰图

东南视角鸟瞰图

初中部教学综合楼（组图）

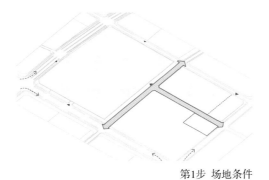

第1步 场地条件

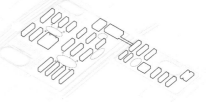

第2步 功能与体量

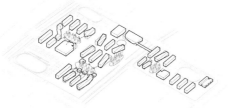

第3步 场景营造

第4步 空间生成

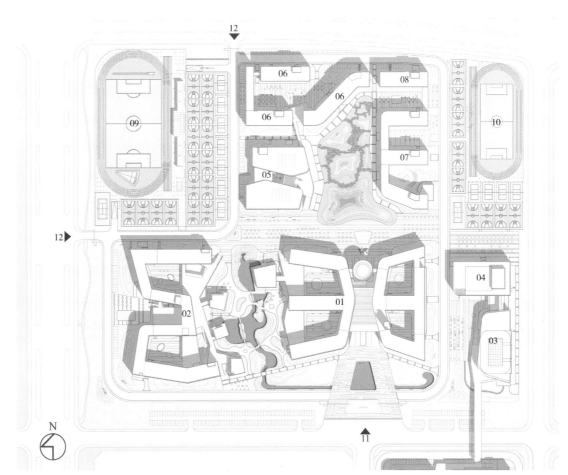

01. 初中部教学综合楼
02. 高中部教学综合楼
03. 体育馆
04. 1500座演艺中心
05. 餐厅
06. 男生公寓
07. 女生公寓
08. 教师公寓
09. 400m运动场
10. 300m运动场
11. 主入口
12. 次入口

总平面图

教学区的诗性空间

初中部教学综合楼半室外活动空间

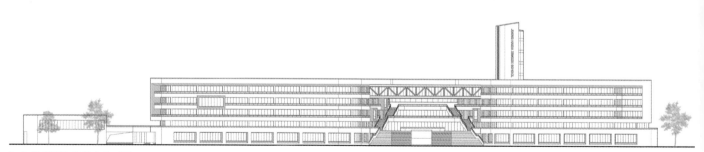

初中部教学综合楼南立面图

初中部教学综合楼北立面图

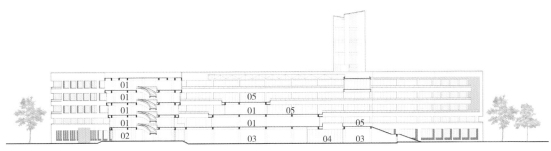

初中部教学综合楼1-1剖面图

01. 非正式学习空间
02. 门厅
03. 图书馆
04. 庭院
05. 半室外活动空间

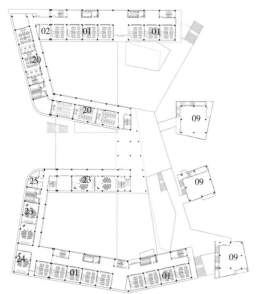

高中部二层平面图

初中部二层平面图

高中部一层平面图

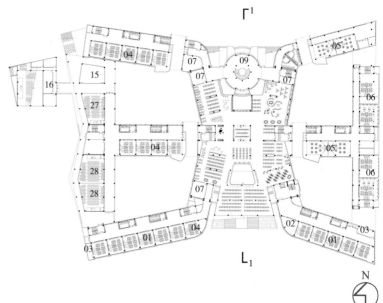

初中部一层平面图

01. 标准教室	07. 设备用房	13. 书法教室	19. 生物实验室	25. 琴房
02. 教师办公室	08. 门厅	14. 下沉剧场	20. 生物工作室	26. 165座合班教室
03. 储藏室	09. 艺术工坊	15. 社团活动室	21. 科学探究室	27. 200座合班教室
04. 备用教室	10. 怡心轩	16. 后勤办公室	22. 贵宾休息室	28. 250座合班教室
05. 化学实验室	11. 贵宾接待	17. 非正式学习空间	23. 音乐教室	29. 300座报告厅
06. 化学工作室	12. 美术教室	18. 通用技术教室	24. 器乐训练室	30. 450座报告厅

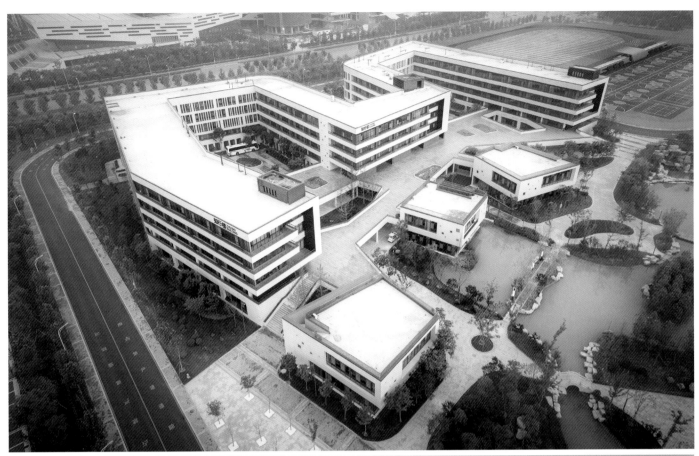

高中部鸟瞰图（组图）

底层架空活动空间（组图）

池畔剧场

庭院与平台（组图）

诗意水院

橙色步梯

红色柱廊

窗边书桌 ∥ 路演空间
水畔咖啡屋 ∥ 图书馆

生活区中的"野趣"空间（组图）

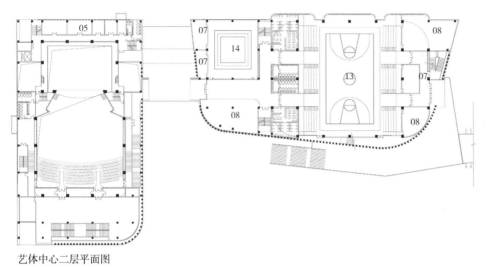

艺体中心二层平面图

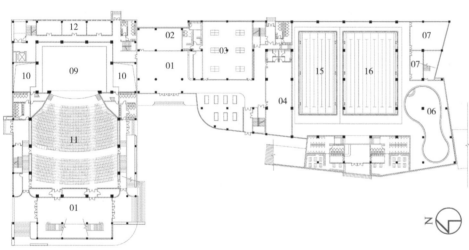

艺体中心一层平面图

01. 门厅   09. 主舞台
02. 休息室   10. 侧台
03. 乒乓球馆 11. 1000座池座
04. 健身房   12. 服装室
05. 化妆室   13. 1350座看台篮球比赛馆
06. 儿童戏水池 14. 跆拳道馆
07. 辅助用房 15. 4×25m泳道训练池
08. 休息厅   16. 6×25m泳道训练池

艺体中心

艺体中心（组图）

彩虹下的梦

271 教育集团—济宁海达行知小学

建设单位：山东海达开发建设股份有限公司
项目地址：山东省济宁市高新区
设计时间：2016.5~2016.10
竣工时间：2017.8
办学规模：幼儿园12班，小学54班
用地面积：7.32hm^2
建筑面积：5.63万m^2

项目建筑师：张洪川、于文原
方案团队：张增武、王洪强、孙喆源、武瑜葳

海达行知小学校区包含54班寄宿制小学和12班幼儿园。在总体延续"共享、复合、多元"的策略框架下，针对地块面积较为集约、小学生行动能力较弱的客观条件，进行了相应的设计优化。

北置的教学综合体通过8m宽的彩虹桥，跨越两校区间的城市支路，与中学校区东南的艺体中心形成便捷且安全的共享关联。教学综合体通过对首层体量上人屋面的充分利用，将孩子们的经常性活动面抬升至二层以上，一定程度缩短了课间活动的流线。教学综合体的内部空间组织依然基于资源中心辐射标准教学单元的模式，针对小学低年级阶段课程对专用教室需求较少的特点，资源中心朝向高年级区段偏置布设。整合各类教学用房的非正式学习空间体系，延续了层级化的结构，但针对小学生身体尺度和活动规模，对空间尺度进行了优化。依据小学生的社会情感发展规律，按照每两个班编为一个班组群的组织模式，为每个班组群配置层间共享公共空间，为低龄孩子跨班级的交流沟通提供适宜的空间条件。

回顾笔者和团队以设计者的身份参与校园建设的这段时期，教育层面的变革被冠以层出不穷的新理念、新注解，但这些变革始终围绕着由工业时代标准化人才生产的模式，朝向尊重个体差异并引导人的全面发展的线索曲折且迅速地深化推进。特殊的历史背景下，海达行知学校所面临的"大"与"人"之间的矛盾，只是校园建设中多样化矛盾系统的典型一隅。"大"是诸多阶段性问题和客观条件约束中的一个面向，破题点在于在特定教育理念之下，对具体到课程体系、课堂组织、教学管理模式等使用行为的空间支撑和以人为尺度依据的体验优化。

西北视角鸟瞰图

教学楼一隅

校园整体鸟瞰图

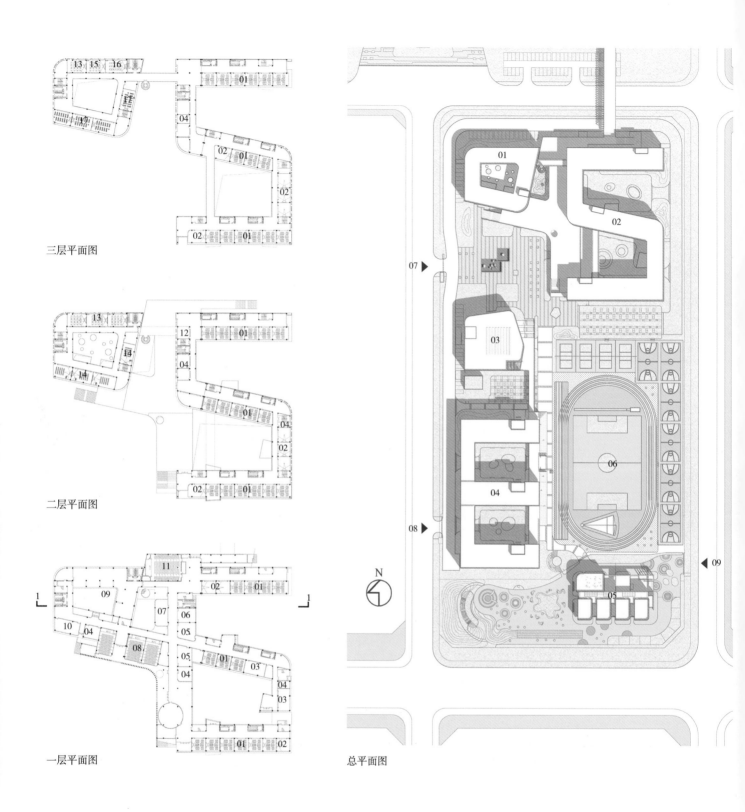

三层平面图

二层平面图

一层平面图

总平面图

01. 标准教室	07. 怡心轩	13. 美术教室
02. 弹性教室	08. 210座合班教室	14. 音乐教室
03. 创新活动室	09. 图书馆	15. 书法教室
04. 教师办公室	10. 电子阅览	16. 科学教室
05. 综合实践活动室	11. 400座报告厅	17. 计算机教室
06. 贵宾接待	12. 心理活动室	

01. 资源中心	07. 主入口
02. 标准教学单元	08. 次入口
03. 餐厅	09. 幼儿园入口
04. 学生公寓	
05. 12班幼儿园	
06. 300m运动场	

上人屋面活动空间

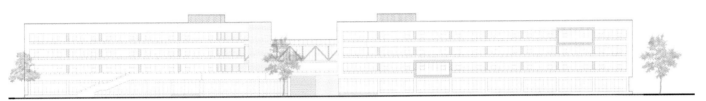

教学综合楼南立面图

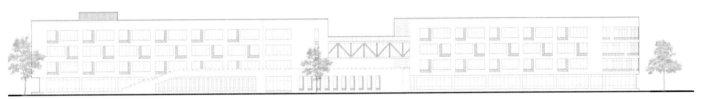

教学楼综合北立面图

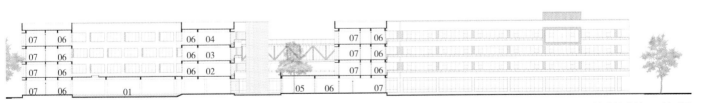

教学综合楼1-1剖面图

01. 图书馆
02. 音乐教室
03. 计算机教室
04. 社团活动室
05. 怡心轩
06. 走廊
07. 卫生间

阶梯｜平台
连廊

立面细节

图书馆1

图书馆2 | 幼儿园中庭

幼儿园（组图）

连接南北校区的彩虹桥

彩虹桥

再生・承脉

长沙康礼・克雷格学校

建设单位：湖南未来投资集团有限公司
项目地址：湖南省长沙市
设计时间：2019.12
竣工时间：2020.09
办学规模：60班十二年一贯制寄宿学校，其中小学24班、初中18班、
　　　　　高中18班
用地面积：8.29hm^2
建筑面积：8.38万m^2

项目建筑师：焦尔桐、张增武
方案团队：于文原、黄晓义、周晶、赵亮、吕一玲、袁龙玉、谢秉桂、
　　　　　田慧航

长沙康礼·克雷格学校

长沙康礼·克雷格学校是一个比较特殊的项目。接到意向性委托时，校园已经基本完成了主体结构的建造，并刚刚确定引入英国克雷格公学开展合作办学。建设方初期对于项目的理解类似于"简装房"到"精装房"的装饰过程，而项目的核心矛盾却在于办学主体和定位的变更——由一所72班普通寄宿高中变更为十二年一贯制的国际化学校，此外，还存在由此引发的模式需求与空间环境之间的系统性错位。项目的建造计划中并没有为这次"改造"预留相应的工期，团队需要在现场不停工的情况下，完成现有空间框架与全新模式诉求之间的对接。

在国家课程的基础上，学校结合IB和A-Level课程的外延要求，进行了课程体系的二次开发。新体系的突出特征在于低龄段对模糊学科的通识性知识的习得、高龄段基于差异化发展和升学衔接的丰富选择以及贯穿全程的，对艺术、体育、科创、人文和志愿服务领域综合素养的强调。课程体系的调整，直接关联于校园的核心功能配置；相应地，校园的办学规模也需要在综合权衡既有结构框架的空间潜力以及教学需求的前提下重新核定。不同于一般性的校园设计过程，康礼学校的设计同时伴随着对项目任务书的调整和反复优化。

应对于学校施行的选课走班和分层教学，以全校共享的资源中心为核心，辐射若干学科教学组团，是相对更加理想空间模式。而学校现有的，由并立的标准教学单元和专用教学单元构成的空间框架，适用于编班授课的教学管理模式，缺少设立开放资源中心的空间条件。设计在原本完全架空的底层空间中，植入了多个以阅览、研讨、互动、展示为内容的玻璃体量，基本实现了一个校级资源中心的多元需求。同时，尺度、形态各异的玻璃体量也使得完全由梁、柱构成的架空层体验变得更加生动。

原本为单一学段设计的综合体框架内，四组标准教学单元被重新定义为两个半围合的"大院落"，通过底层玻璃的间隔以及室外活动场地的处理，为认知与情感发育处于不同阶段的孩子梳理出各自的空间领域和活动流线。

依据新课程体系核算的专用教学空间与标准教室的面积比约为1.35∶1。为了在原有的空间框架下实现这些功能，设计重新梳理了现有的教室资源，并整合为科技、人文艺术、演艺、运动等学科中心，以便发掘相近学科对空间和设施要求的趋近特性，提升空间的利用效率。为满足项目式学习的课堂使用，专用教室被普遍改造为附带研讨、展示和教师工作区的工作坊形式。相同学科体系内部，依据课程内容的差异性，也进一步衍生出丰富的、更具专业针对性，同时又在一定程度上保持通用性的空间类型。

学院制的寄宿生活，是康礼学校重要的环节。每个"学院"由不同年级的学生纵向组成，通过跨年龄段的沟通，培养学生的同理心、社交能力和互助品质。在原有的通廊式宿舍中，设计通过局部的形式间隔以及层间和底层的公共起居室、活动室、洗衣房等能够一定程度激发群体归属感的功能植入，形成8个相对独立的居住单元，期望在有限的空间条件下，通过温暖友好的环境氛围，让孩子们"拥抱新的家庭"。

为适应学校对体育及运动技能的强调，设计一方面通过对体育馆室内场地的多元化改造，拓展了多项目使用的可能性；另一方面，通过大量缩减室外硬质景观，将校园室外运动场地的规模扩大了近一倍。

针对学校鼓励家长和社会参与日常教学管理模式的特色，设计在贯穿校园的连廊南端设置了一处家长服务中心，结合对校园主入口门禁的处理，为家长和社会人士入校活动梳理出独立的活动领域和流线，有利于学校的日常安全管理。

随着"一校一策"的特色化办学改革的深入，普遍由职能部门主导的"交钥匙工程"式的校园建造过程，由于一定程度上同具体的使用需求脱节，已经引发了行业内的反思。理想的校园建造过程应当是先有学校，再有校园——即从设计前期开始就贯穿办学使用意见的深度介入。回顾对康礼学校进行的事实上只保留了原有梁、板、柱的改造过程，从一个侧面上反映了这种需求导向的设计逻辑的必要价值。但放在更广泛的时空范围来看，教育层面的革新是一个不断演进的动态过程，办学模式的改变也存在普遍发生的可能性。理想的校园同样需要为未来的变革预留可能，适应性的设计和弹性改造应当是关于"未来校园"的思考和探索中的重要课题。

伦敦克雷格公学校园与教学场景（组图）（焦尔桐 摄）

小学部庭院

校园鸟瞰图

校园之心、科技中心与艺术中心

中学部标准教学单元

- 学生公寓
- 餐厅
- 艺术中心
- 校园之心（紫水晶剧场）
- 科技中心
- 体育馆
- 行政与服务中心
- 家长接待中心
- 图书阅览室
- 小学部标准教学单元
- 中学部标准教学单元

外访人员流线

小学生学习流线

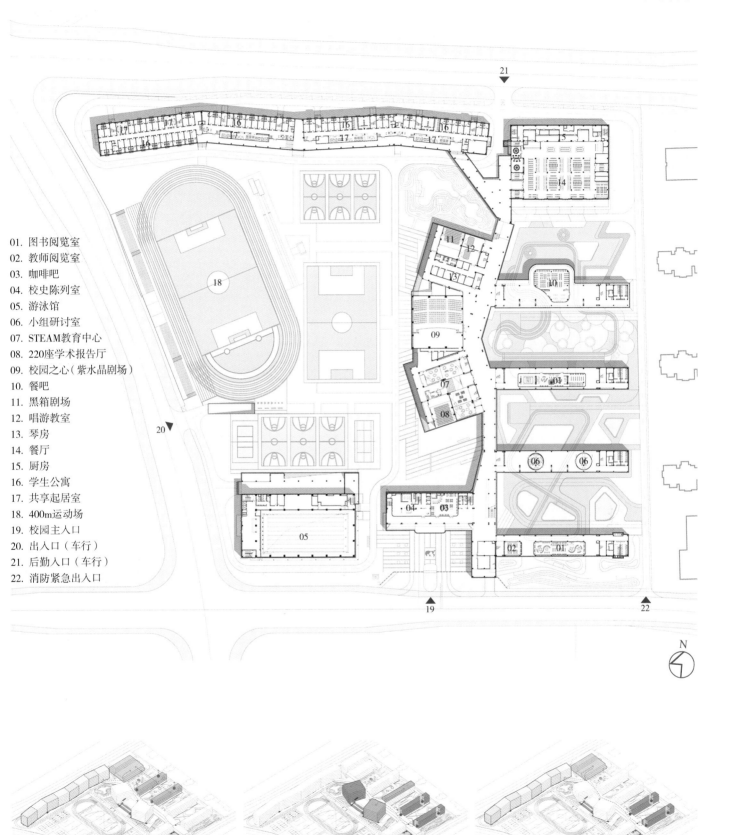

01. 图书阅览室
02. 教师阅览室
03. 咖啡吧
04. 校史陈列室
05. 游泳馆
06. 小组研讨室
07. STEAM教育中心
08. 220座学术报告厅
09. 校园之心（紫水晶剧场）
10. 餐吧
11. 黑箱剧场
12. 唱游教室
13. 琴房
14. 餐厅
15. 厨房
16. 学生公寓
17. 共享起居室
18. 400m运动场
19. 校园主入口
20. 出入口（车行）
21. 后勤入口（车行）
22. 消防紧急出入口

N

小学生生活流线   中学生学习流线   中学生生活流线

券廊与庭院

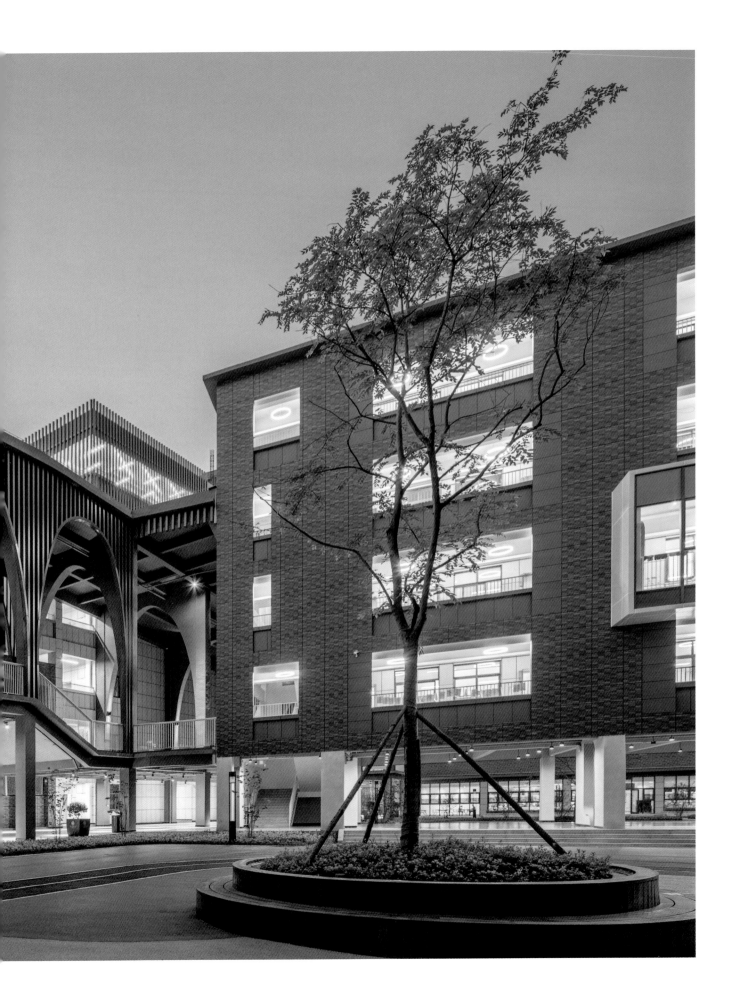

中学部庭院及底层架空空间（组图）

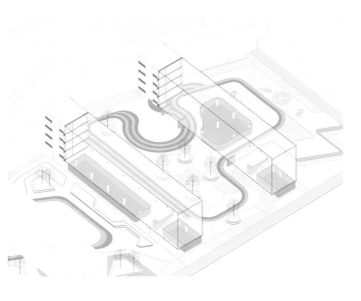

小学部庭院及底层架空空间（组图）

暮色中的艺术中心

艺术中心（组图）

券廊（组图）

券廊

体育馆立面

生活区局部（组图）

校园之心（紫水晶剧场）

STEAM工坊 图书阅览室

另一种模式的思辨与实践

尼日利亚拉各斯·亨廷顿学校

建设单位：尼日利亚VIJU工业有限公司
项目地址：尼日利亚拉各斯州莱基滨海区
设计时间：2021.1~2022.1
办学规模：74班十三年一贯制学校，其中小学24班，初中18班，高中32班
用地面积：25.77hm²
建筑面积：11.06万m²

项目建筑师：焦尔桐、王洪强
方案团队：张增武、司道强、于文原、张洪川、马筠茹、王家熹、王书琪、
　　　　　张恩蔚、刘元建、王雅姝、张翰铭

尼日利亚拉各斯·亨廷顿学校

校园位于西非城市拉各斯（Lagos）的滨海地带，包含小学至高中13个年级，并为7~13年级提供寄宿选择。基于特定的历史和文化渊源，目标于当地的英美侨民和留学人口，这座由外资兴建的国际化校园，完整地引入了英国本土传统寄宿学院的模式。

场地北侧贴临城市干道，西侧道路与周边居住区共用，均不宜开设主要出入口。考虑以小汽车为主的通学交通方式，设计通过退让，在东、南两侧增设了单行路，将车流引入后再行"消化"。针对北向开口的寄宿制中学和东向开口的走读制小学在通学模式上的差异，分别配置了静态停车场和动态的路内临时停车位及风雨接送站。

以通学空间及关联的寄宿公寓为主体，校园北侧形成了占用地近30%的校前区。区域中另设有家长及外访接待、包含问诊、处置、隔离、转诊等完整基础功能的卫生站、行政管理以及后勤生产等功能。

建筑体量依两条轴线紧凑展开，以便将外围场地尽可能多地留给丰富的体育活动。图书馆、演艺中心、运动中心、餐厅等围绕校园中心布置，便于各学部共享。同时，也可以借用中心场地作为各类活动、庆典的室外拓展场所。

校园内部的主要步行流线设置了完整的风雨连廊系统，并采用张拉膜等轻型结构，为每个学部分别配置了40%~50%比例的风雨操场，以适应当地旱季、雨季交替的气候特征。

针对学校全面采用的分层教学＋选课走班的模式需求，设计综合了课程体系、选课比例、教室利用率等数据，对通用教室和专用教室的配置进行了推演。在部分同学科专用教室内部，通过可变隔墙，预留了一定的使用弹性，以支撑学科活动的开展。各学部教学综合体延续了资源中心＋通用教学单元的组织逻辑，并将K值（使用面积系数）控制在0.4左右，以提供丰富的非正式学习空间。

近年来市场化的教育讨论中，出现了一些兜售西方概念，抑或片面批判西方模式的商业声音，对我们的工作也造成了不少困惑。我们强调的核心素养，抑或西方所谓的"全人教育"，目标都统一于培养全面且自主发展的人。但不同的国情背景和价值体系下，具体的方法论却呈现出更强调全面和更关注个体的系统性差异。

这所学校的设计过程，让我们在日常的资料和案例研究之上，对东西方教育观念及其影响下的校园空间环境差异有了更加直观、系统的认识。这篇简短的文字，仅仅针对一个项目案例在宏观层面的空间模式特征进行了概要性的介绍，大量关于课程、教学、安全、管理等方面的细节，未具体展开。站在当下思考我们的"未来校园"，一方面，需要客观地看到西方教育模式及其空间模式的差异化特征，从而辩证地阅读和吸收相关校园空间案例的设计和建造经验；另一方面，更需要着眼于高出规范的下限要求和片面的教育技术装备更新的视角，基于我国的基本国情、教育理念和模式特征，对教、学、社会共育等需求细节提供切实的空间支撑和行为关照。

场地环境（组图）
[图片来源：约翰·陶德（John Todd）摄]

校园鸟瞰图

高中部教学综合楼

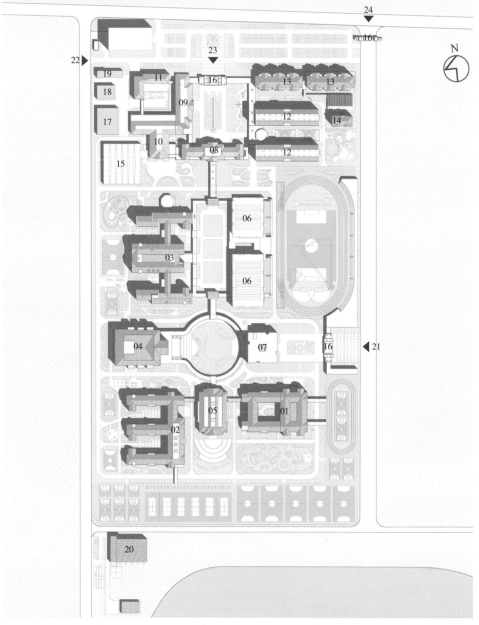

总平面图

01. 小学部教学综合楼
02. 初中部教学综合楼
03. 高中部教学综合楼
04. 800座剧场
05. 餐厅及艺术中心
06. 运动中心
07. 图书馆
08. 行政及服务中心
09. 家长接待中心
10. 高中部餐厅
11. 运营中心
12. 学生公寓
13. 教师公寓
14. 专家公寓
15. 游泳中心
16. 门禁
17. 泵房
18. 热力中心
19. 维修站
20. 动力中心
21. 小学部主入口
22. 后勤出入口
23. 中学部主入口
24. 校前区入口

高中部主要教学用房配置数量计算模型

$$N=\{t_i \times / t_0/\delta\} \times \xi \times A_1/A_0$$

其中：

N——某科目教学用房的配置数量（单位：间）；

t_i——某科目每教学班的周计划课时量（单位：学时/周）；

t_0——教学用房的周可用课时量（单位：学时/周）；

δ——某科目教学用房的平均利用率（单位：%）；

ξ——某科目的选课比例（单位：%）；

A_1——选课总人数（单位：人）；

A_0——某学科教学用房的单间设计容纳人数（单位：人）。

注：A_1取值，当选课范围以年级为单位时，取年级总人数；当选课范围以学部为单位时，取学部总人数。

表一　10-13年级标准作息时间

课程节次	课时
登记	08：35~08：45
第一节课	08：50~09：45
第二节课	09：50~10：45
休息	10：45~11：20
第三节课	11：20~12：15
第四节课	12：20~13：15
午餐	13：15~14：40
其他社团	14：40~15：20
	15：20~16：50

表二　学校课时量安排

课程	课时量
选修课1	10
选修课2	10
选修课3	10
进阶数学	5
A level＋	3
人文学科	2
游戏	2
自习	6/11
班会	2

注：（表一）每门学科的课时量安排和总课时的安排

表三　KS4学段课程安排及选课比例

科目类别	科目	标准级
艺术	绘画、美术设计、戏剧、音乐	45%
科技创新实践类课程		40%
人文	古典文明、商业研究、经济学、地理、历史	45%
信息通信技术		30%
体育		15%
语言	英语语言学、英语文学、法语或德语、拉丁语	45%
公民	社会和健康教育	80%

表四　KS5学段课程安排及选课比例

	组别及科目		进阶级	标准级
组一	英语	英语语言学和英国文学、英国文学	50%	50%
组二	语言	法语、德语、拉丁语、古希腊语	30%	70%
组三	个人与社会	古典文明、心理学、社会学、历史	50%	50%
组四	科学	生物、化学、物理	70%	30%
组五	数学	数学、数学与AS进阶数学	50%	50%
组六	视觉艺术		5%	
	戏剧		15%	
	音乐		5%	
	科技创新实践类课程		0%	
	信息通信技术		0%	
	公民		25%	
	科学		40%	10%

注：（表二、表三）高中部两个学段开设的课程及历年选课人数

表五　拉各斯·亨廷顿学校高中部部分主要教学用房配置表

教室名称		周计划课时量（t_i）	周可用课时量（t_0）	平均利用率（δ）	教室计算数量（N）	配置数量	面积㎡/间	备注
标准教室	心理学教室	76	30	57.1%	5	40	75	
	历史教室	44	30	57.1%	3			
	地理教室	44	30	57.1%	3			
	经济学教室	44	30	57.1%	3			
	数学教室	176	30	57.1%	12			
	公民教室	102	30	57.1%	6			
	个人与社会	128	30	57.1%	8			
专用教室	美术教室	18	30	29.8%	2	4	100	增加2间供社团使用
	语言教室	145	30	54.0%	9	9	50	
	音乐教室	24	30	29.8%	3	4	100	增加1间供社团使用
	戏剧教室	15	30	29.8%	2	2	100	
	科学实验室	110	30	42.1%	9	9	100	
	STEAM实验室	20	30	34.2%	2	2	100	
	信息技术实验室	20	30	34.2%	2	2	100	
	音乐技术教室					1	100	增加1间供社团使用
	陶艺教室					1	100	增加1间供社团使用
公共教学用房及行政用房	小组讨论室					4	35	
	社团空间					6	40	
	学生公共休息室					1	100	
	多功能厅					2	100	
	报告厅					1	310	
教职人员办公室		1.35㎡/生					1296	

注：（表五）依据校方提供的周计划课时量、周可用时数以及各科目常规选课比例等数据，经计算得到教学用房数量

通用教室

非正式学习空间

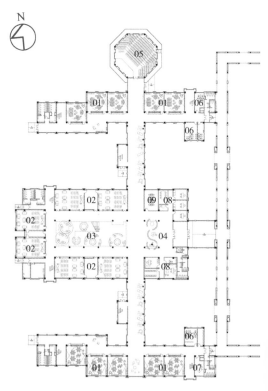

高中部教学综合楼一层平面图

01. 通用教室　　　　　06. 系部办公
02. 科学实验室　　　　07. 社团空间
03. 非正式学习空间　　08. 行政办公
04. 门厅　　　　　　　09. IT服务中心
05. 300座学术报告厅

高中部教学综合楼西立面图

高中部教学综合楼门厅

行政及服务中心

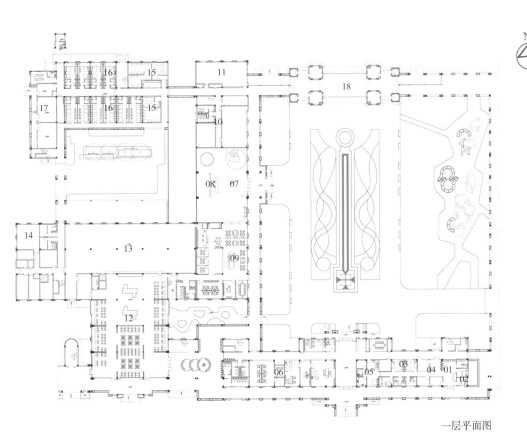

01. 候诊区
02. 问诊室
03. 处置室
04. 隔离室
05. 私人看护室
06. 行政办公
07. 门厅
08. 校园文化陈列
09. 家长接待区
10. 安防监控及弱电机房
11. 便利店
12. 餐厅
13. 中央厨房
14. 后勤职工餐厅
15. 教工更衣及淋浴
16. 后勤员工宿舍
17. 运营办公及后勤库房
18. 双层门禁

一层平面图

西立面图

01. 通用教室
02. STEAM教室
03. 科学实验室
04. 图书阅览室
05. 非正式学习空间
06. 年级资源室

通用教室

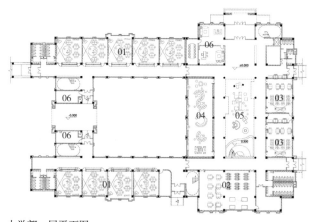

小学部一层平面图

走廊

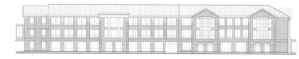

小学部南立面图

中庭

非正式学习空间

小学部教学综合楼

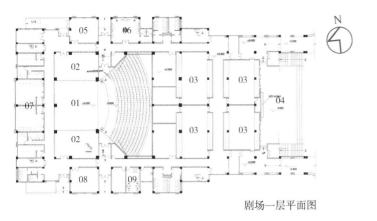

剧场一层平面图

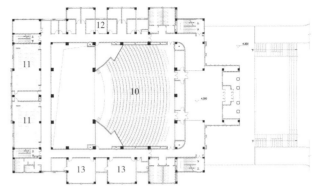

剧场二层平面图

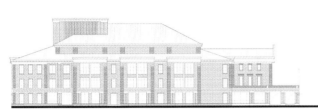

剧场南立面图

剧场东立面图

01. 舞台	08. 服装室
02. 侧台	09. 教师办公室
03. 戏剧教室	10. 800座观众厅
04. 室外舞台	11. 音乐室
05. 道具室	12. 琴房
06. 贵宾室	13. 音乐技术室
07. 化妆间	

观众厅

戏剧教室

800座剧场

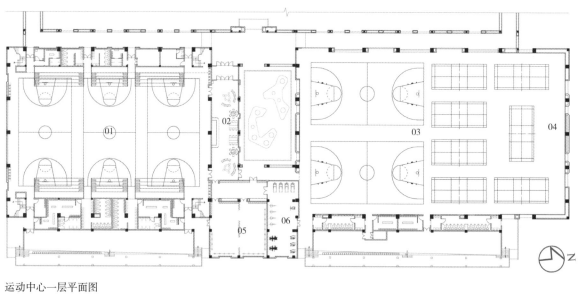

01. 1300座篮球比赛馆
02. 咖啡吧
03. 风雨操场
04. 攀岩区
05. 舞蹈室
06. 健身房

运动中心一层平面图

篮球比赛馆 | 风雨操场
运动中心效果图

图书馆二层平面图

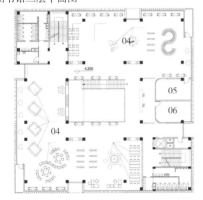

图书馆一层平面图

01. 授课区　　03. 咖啡吧　　05. 书库
02. 交往空间　04. 开放阅览区　06. 办公室

图书馆光庭

第二章 · 自然环境与校园空间

先人曾用移山的典故来教导我们锲而不舍地坚持理想
面对这片场地时
我们希望坚持的
是保留原有的山形和地貌
因为坚信这些看不到头
又凿不动的石头山
是造就这一方山水和纯美人性的环境基质
是这里的孩子之所以能长为"这里人"的根本教义

青山窗楣舞
吉首中驰 · 湘郡礼德学校
（一期）

彩云下的乌托邦
昆明行知中学

半拥青山半藏山
台山市广旭实验学校

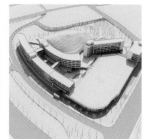

快乐山谷
鹤山市广旭实验学校
（一期）

青山窗楣舞

吉首中驰·湘郡礼德学校（一期）

建设单位：吉首中驰教育咨询管理有限公司
项目地址：湖南省湘西自治州吉首市
设计时间：2019.12~2020.7
竣工时间：2021.6
学校规模：105班K12学校，其中幼儿园9班、小学36班、初中36班、
　　　　　高中24班
用地面积：10.07hm^2
建筑面积：10.71万m^2/4.45万m^2（一期）

项目建筑师：张增武、于文原
方案团队：焦尔桐、张洪川、王洪强、袁龙玉、马筠茹、赵亮、吕一玲、
　　　　　王书琪、王帅、王家熹、李成成

吉首中驰·湘郡礼德学校（一期）

2019年初冬，我们接到了这个位于武陵山区的K12校园的设计邀约，其时，长沙至吉首的高铁尚未贯通。团队乘坐的一周一班飞往怀化的航班，因天气原因备降至桂林。沐着冻雨坐了5个小时的出租车，终于见到沉溺在暮霭中的场地时，第一刻明白了沈从文笔下的湘西儿女为何如此纯粹。接下来，便是以一个外来者的身份，对将要在这片造化中植入一组十余万平方米人造物的任务进行思考，其中的心绪可谓复杂。

吉首中心乾州古城东延2公里，一条嵌在丘陵间笔直向南的支路，是校园和北侧建设中的居住区共用的进山路径。道路尽头，场地初始仅东北角一条原生小径能够进入，沿山麓蜿蜒向南，连接场地南侧尚在规划中的城市道路，并将占据场地3/4面积的丘陵与相对平缓的谷地区隔开来，实测的场地高差大约52m。

谷地旁侧茂密的植被大体还保留着原来的样子，西侧市镇的喧闹和山顶施工机械的尘器全部消失其间。扶着刚刚完成局部清洁的场地上不时裸露的粗砺岩体拾山而上，东、南连续的山系间，杭瑞高速从崖壁贯出，逶迤南去。

先人曾用移山的故典来教导我们锲而不舍地坚持理想，面对这片场地时，我们希望坚持的是保留原有的山形和地貌。因为坚信这些看不到头又凿不动的石头山，是造就这一方山水和纯美人性的环境基质，是这里的孩子之所以能长为"这里人"的根本教义。

小径勾勒出山体自然的样貌，也是整块场地在规划初始的控制性线索。稍加拓宽的小径成为贯穿校园的主要交通路径，两端连接城市道路的节点则分别作为一期3~12岁学段和二期13~18岁学段的主要出入口。小径西侧相对平整的谷地作为主要的文体活动和生活区域，东侧成簇的山体，则留给主要的教学空间去"消化"。

小学、初中、高中三组主要线性体量平行于等高线，贴伏于山体半高处伸展，让出完整的丘顶。同时，在每组体量内部，通过垂直方向两层高度的扭转变化进一步"消化"地形起伏，寄望于观者从建筑本身也能够清晰地阅读出山形地势。

满足百余个教学班使用需求的大量室外运动场，一度是我们保留原生环境基质的重大挑战。谷地区域地形平整，但尺度有限，必须去除1/3以上

的山体方能容纳。权衡之下，高龄学段的400m运动场被安置在场地东南起伏较小的台地上。清洁场地、平整台地、基础开挖产生的土石方被填置于谷地中。标高整体抬升后的谷地，除了文体活动和生活区的建筑场地外，还提供了低龄学段的运动场和丰富的球类场地。

毗邻高速公路隧道的区位条件，限制了爆破等破坏性场地处理手段的应用。我们在概念和深化方案阶段反复多次、通过不同软件模拟对比了场地处理方案，以最大限度地减少场地平整的工程量。同时，为了降低填方区基础处理的难度，设计结合活动场馆、车库、接送站等对采光没有必要诉求的功能区，对标高抬升后形成的架空空间进行了最大化利用。

在一个宏观的策略框架下，团队试图呈现的建筑介入后的场景渐趋明晰——希望关于原始环境基质的体验不仅仅停留在"看"这个维度。

为了消解线性体量内部较长的流线带来的使用和体验问题，也为了进一步优化建筑与西侧山体环境的对话关系，每组教学体量又朝向西侧山体，以垂直于等高线的方向生出几组衍生的"枝杈"。

每组扭转角度经过计算后的"枝杈"的山面，是一个个整合了交通"核"和出挑平台的取景框。"枝杈"间围合出的朝向山体打开的区域，是每个学部的"自留地"。山体坡旁是丰富的情景式和项目式教学空间。平台之上，是尺度经过优化之后、更贴近原本山谷体验的、留给孩子们课间放松的地方，也是由生活区到教学区的通学过程中，一条颇具趣味的路径选择。

层间伸出的架空连廊，是紧凑的教学时段连接教学、运动和生活空间的高效路径，也是学有余暇，间或放学路上独自感悟的去处。建筑主体上的大尺度开洞和架空楼梯，是"这边"的书声和"那边"的树语混响交融的所在。垂直扭转的屋面，是孩子们户外写生课程的教学场地，也是雾霭之上，携手寄望山外世界的"远方"。

《边城》的文字中，山隔开了人，却未隔断情。是这山教养、磨炼了这样纯美、长情、饱经风霜却不曾短了念想的人。沈从文先生笔下的乡情，固是回不去的"愁"字作衣，但内核却处处是积极的、绵长的、难以遮掩的人性之美。教育家们提及育人理念，谓之"家国情怀，全球视野"。窃以为，家国本身，便存乎于脚下生养自己的这一方山水。

十余年处理中小学校园设计的经历中，我们始终相信环境在人性造化层面的积极意义。无论项目所处的环境基质是闹市抑或山林，是特定的使用模式抑或人文语境，总有它与众不同的特征，差异只在于有些就安安静静放在面前，等着设计者去雕琢，有些却隐匿于众生之间，需要苦思求索。

迁延近两年的设计和建造，如今只大体完成了一部分，其间过程不可谓不曲折。但是能遇到这样的项目，我们无疑是幸运的。回思初时自称"象外"，原是想要探察形而上之"意"。经年之后，如今却更觉得立足每个项目差异化特征的析取和表达，便是求取"象外"的全部方法论。

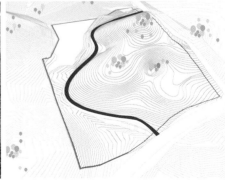

典型湘西聚落（张洪川 摄）	乾州古城（张洪川 摄）
矮寨大桥（张洪川 摄）	场地南眺
项目基地	原生小径勾勒出山体的自然样貌

雾霭中的教学区

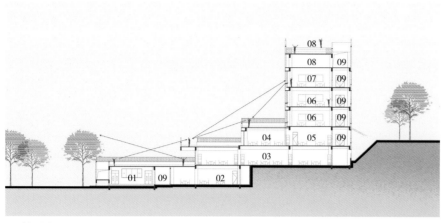

01. 180座合堂教室
02. STEAM中心
03. 图书阅览室
04. 心理活动室
05. 教师办公室
06. 标准教室
07. 机动教室
08. 上人平屋面
09. 走廊

1-1剖面图

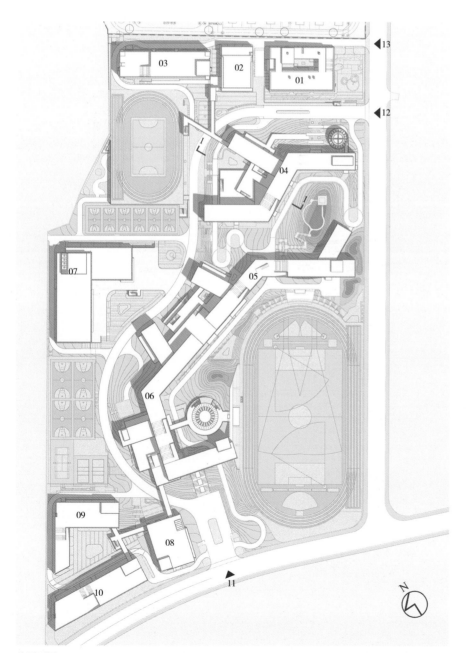

01. 幼儿园
02. 小学餐厅
03. 小学部学生公寓
04. 小学教学综合楼
05. 初中教学综合楼
06. 高中教学综合楼
07. 艺体中心
08. 中学餐厅
09. 中学部女生公寓
10. 中学部男生公寓
11. 中学部入口
12. 小学部入口
13. 幼儿园入口

总平面图

暮霭中的校园

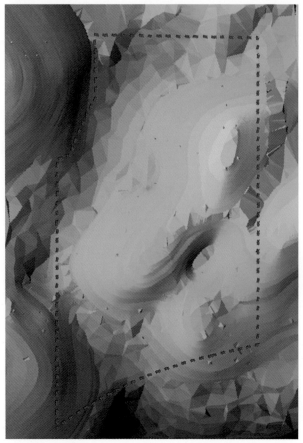

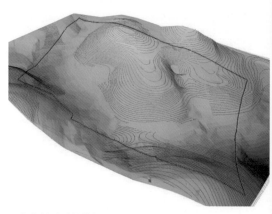

土方分析（平整前）

高程
302.6~307
298.2~302.6
293.8~298.2
289.4~293.8
285~289.4
280.6~285
276.2~280.6
271.8~276.2
267.4~271.8
263~267.4
258.6~263
254.2~258.6
249.8~254.2
245.4~249.8
241~245.4
236.6~241
232.2~236.6
227.8~232.2
223.4~227.8
219~223.4

（高程单位：m）

土方分析（现状）

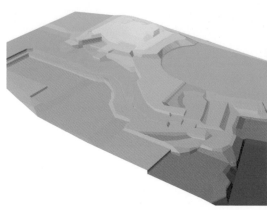

土方分析（平整后）

小学部教学综合楼一隅 | 主入口一隅
"枝杈"围合的活动空间

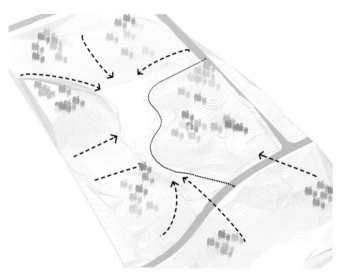

第1步 场地条件

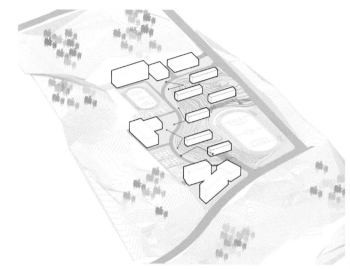

第2步 功能与体量

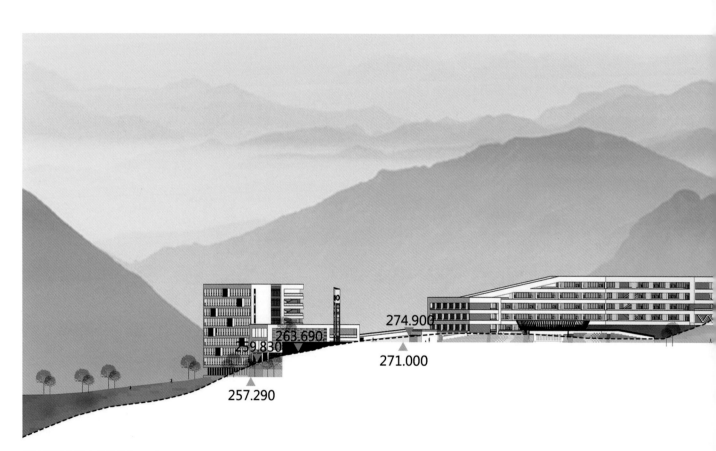

274.900

263.690

259.830

271.000

257.290

场地剖面分析（高程单位：m）

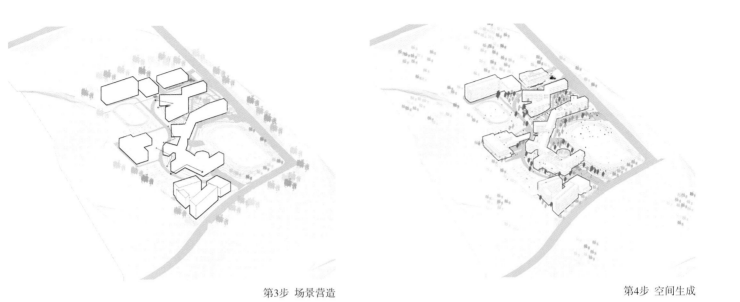

第3步 场景营造   第4步 空间生成

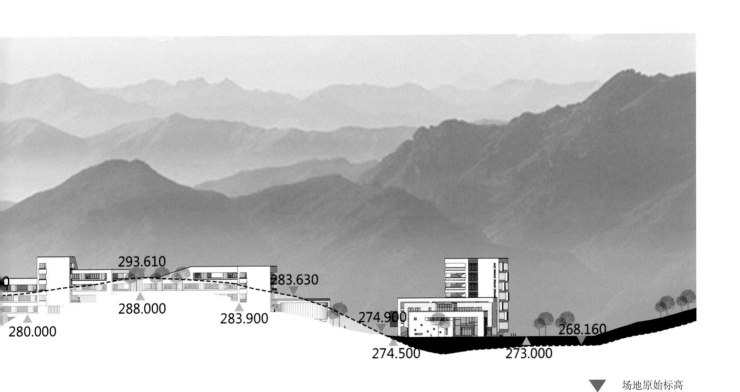

293.610
288.000
283.630
283.900
274.900
280.000
274.500
273.000
268.160

▼ 场地原始标高

▲ 设计标高

- - - 原始场地剖切线

傍晚的校园

立面细节

小学部学生公寓
"枝杈"围合的活动空间1 | 校园文化陈列室细节

雾霭之上，携手寄望
山外世界的"远方"

"枝杈"围合的活动空间2
"Y"字形连桥

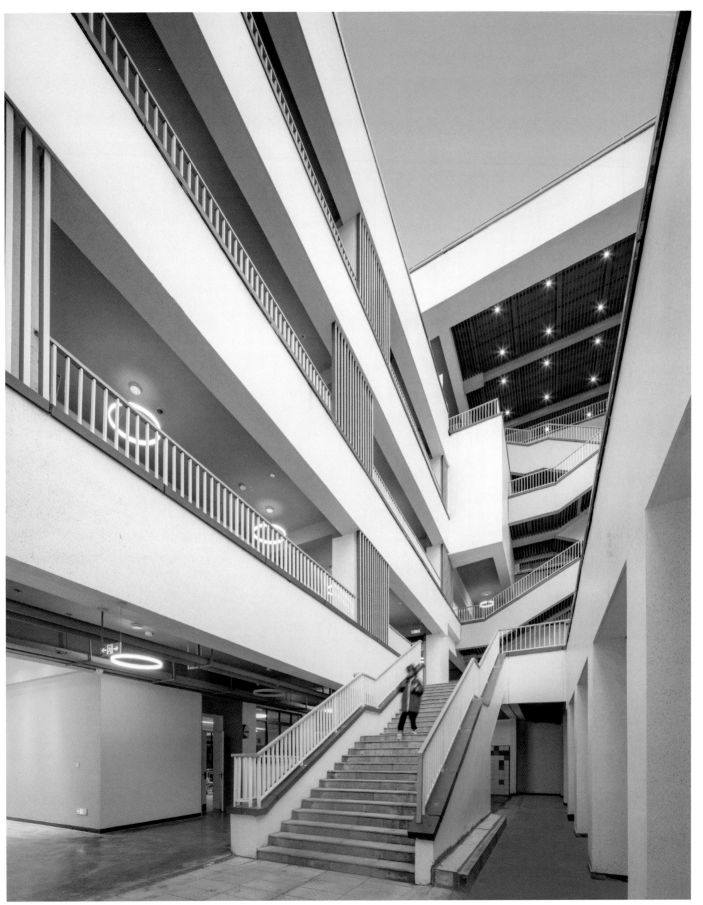

"枝杈"围合的活动空间3

随山势起伏的教学综合楼

教学综合楼一隅
原生小径改造的校园道路

教学综合楼主入口
"枝杈"围合的活动空间

教学区与生活区间的架空连廊

开敞楼梯间
教学区与生活区间的衔接通道
生活区一隅

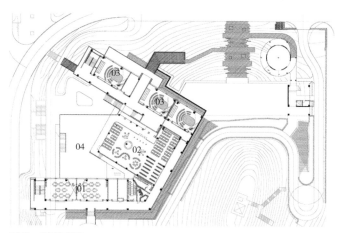

下叠一层平面图

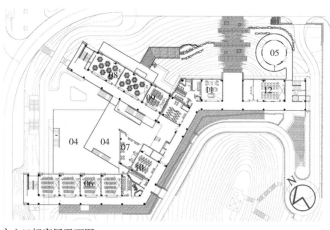

主入口标高层平面图

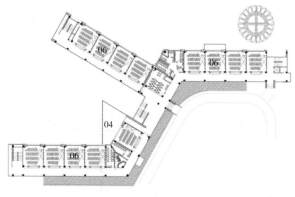

二层平面图

01. 综合实践活动室
02. 图书阅览室
03. 音乐教室
04. 上人活动屋面
05. 校园文化陈列室
06. 标准教室
07. 教师之家
08. 信息技术教室
09. 创客中心
10. 教师办公室
11. 家长接待室
12. 录播教室

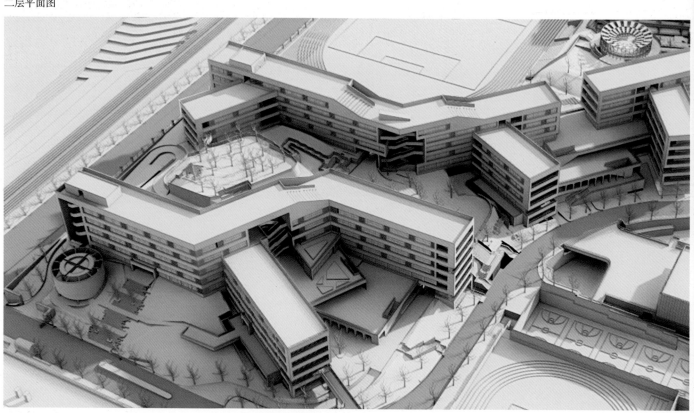

渲染模型

彩云下的乌托邦

昆明行知中学

建设单位：富民县教育局
项目地址：云南省昆明市富民县
设计时间：2013~2014
建设时间：2014~2016
办学规模：185班中学，其中原永定中学60班，新建部分125班
用地面积：22.8hm²
建筑面积：17万m²

项目建筑师：焦尔桐、张洪川
方案团队：张增武、于文原、周琮、侯世荣、赵芸浩、崔旭峰、田佩涛

昆明行知中学

昆明行知中学所在的富民县，是昆明西北距离市区20km的小城。滇池唯一的溢流水系螳螂川绕过西山，从县城穿过，被人工裁弯取直后，向北流淌，汇入金沙江。2014年踏勘场地的时候，这里还是一座站在6层楼的屋顶就能看到县城全景的谷地小城，山比楼高，天比水蓝，生活节奏很慢。

小城不足4km²的建成区集中在河道两岸的"坝子"上，并向东侧刚刚通车的京昆高速方向略作延伸。其时，小城的基本网格尚未完成，大概是北回归线附近的气候条件，让当地人对房屋朝向的概念比较淡漠，在小城的街巷中也看不到典型人为规划的痕迹。宏观的山水环境，较之小城的建成环境，无疑具有更高的辨识度。

校园处在城区向高速交通线东延的节点上。120班的新增办学规模、城镇东延节点的重要区位、约占当地上一年财政收入40%的建设投入，昭示着小城借助交通线的开通步入快速发展阶段的战略雄心，以及将校园的建设作为吸引人口及产业流入的策略构想。在小城整体建成环境的空间特征不甚明确的条件下，对场地原生环境特色的梳理以及与西侧和西北侧建成区的对话策略便构成了校园空间环境生成的主要逻辑线索。

场地北侧毗邻螳螂川支流大营河河道。位于河漫滩地带的低洼场地内，不规则地分布着水田、藕塘和鱼塘，还保有部分原生环境基质的痕迹。向南500m，跨过田野，即是绵延的葱郁山色。校园西侧邻近原永定中学校舍，建成后两校将共享部分教学资源。校园西北刚刚耸起的18层居住区，崭新而突兀。

设计选择将校园的主要出入口开向南侧，以便利用开阔的视线，将典型的山体环境特征尽可能多地纳入校园的视野之内。借助山体景观安定静养的意向传达以及自然起伏的生动形态，结合入口两侧半开放的柔性建筑界面的围合，适度克制地传达校园的仪式感。

北侧河道水体与校园场地间的溢流关联被保留下来，并规整成为生活区建筑展开的线索。水系进入校园后，向南与主入口延伸的仪式性轴线交汇于场地内原有的鱼塘和藕塘区域，重新修整后成为一泓野趣盎然的核心景观。面对西侧强秩序逻辑控制下的永定中学校园，以及西北侧高层住区的压迫，借用水体景观形成的大尺度退让和柔性体验，为场地内部及周边毗邻的多元的人造和自然环境元素提供了极大的包容度。

三条控制性线索汇集的节点处，放置了整合校际共享公共教学空间的综合楼。设计早期的建筑体量是一个四边围合的矩形院落，作为南侧山景观向校园内部视线渗透的收束。在方案推演的过程中，逐渐演变成两个东端相连的弧形体量，西侧朝向水体敞开，契合于自然的山水形态。综合楼的南栋保持了完整的体量和典雅的立面韵律，以回应广场的仪式性；北栋则通过退台处理消减建筑的体量感，向生活区的场所体验过渡。楼间半围合的场地通过一条柔曲的透空连廊与水面形成半渗透的区隔，连廊一侧是由建筑立面的曲线韵律勾勒出的流动着的静谧，另一侧是湖面、浅草、船影与岸线交织成的平静野趣，二者相得益彰。

高原春城的阳光柔和，但是穿透力极强。为了减少紫外线对教学和日常活动非必要的渗透，校园主要建筑的南、北采光面均附设了横向的阳台或挑板以及竖向的固定遮阳格栅或隔板。建筑的底层提供了大量开敞的、庇荫的架空活动场地和穿行路径，局部植入的非正式学习空间体量，消解了完全由结构构件框定的枯燥秩序，使孩子们的"底层时光"格外生动。

笔者和团队从来都不是反城市化理论的支持者，但是面对这些山比楼高的小城，让孩子们真切地体会到"我从哪里来"，应该是一个理想校园环境的应有之义。昆明行知中学2014年开始建造，2015年以"毛坯房"的状态初步投入使用，其后的四年，在包括地方政府在内的建设各方的通力支持下，继续建造和整改，终于在极其有限的建造成本下，有了较为完整的落地呈现。在开学后的回访中，我们发现学校将综合楼的平面形态绘制成校徽使用，校长将之解释为"自我认知和发现世界的眼睛"。尽管校园的设计并没有这样的象形引申，但这的确是校园的设计中始终希望追求的环境目标。

校园中心鸟瞰图

县城鸟瞰图 ┃ 县城夜景
（焦尔桐 摄）┃（焦尔桐 摄）

夜幕下的综合楼

总平面图

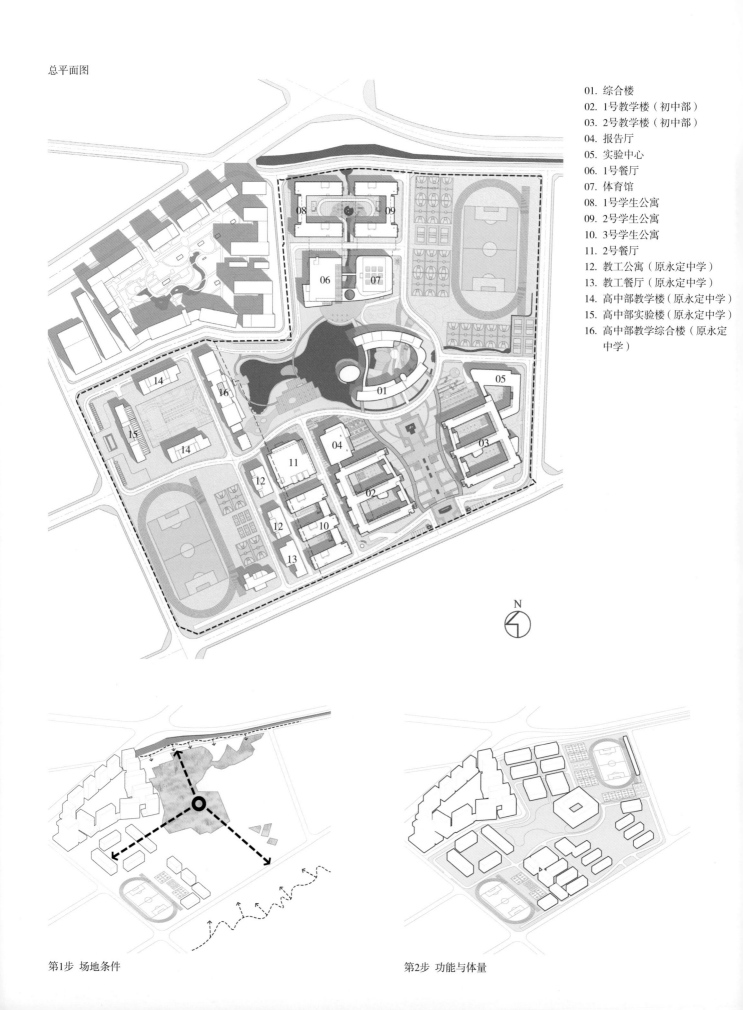

01. 综合楼
02. 1号教学楼（初中部）
03. 2号教学楼（初中部）
04. 报告厅
05. 实验中心
06. 1号餐厅
07. 体育馆
08. 1号学生公寓
09. 2号学生公寓
10. 3号学生公寓
11. 2号餐厅
12. 教工公寓（原永定中学）
13. 教工餐厅（原永定中学）
14. 高中部教学楼（原永定中学）
15. 高中部实验楼（原永定中学）
16. 高中部教学综合楼（原永定中学）

第1步 场地条件

第2步 功能与体量

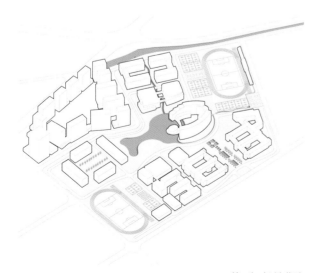

第3步 场景营造

第4步 空间生成

蓝天、镜湖、浅草交织
成的小城校园

综合楼鸟瞰图 ‖ 温暖的曲线韵律
面向山体敞开的校园主入口广场 ‖ 静夜中的综合楼庭院

综合楼南立面

底层架空空间　综合楼立面一隅
综合楼水景连廊

静夜中的"校园之心"（组图）

综合楼一层平面图

2号教学楼一层平面图

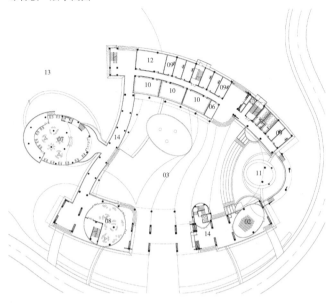

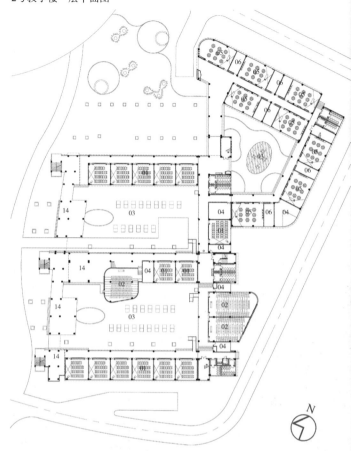

01. 普通教室
02. 合班教室
03. 庭院
04. 教师办公室
05. 化学实验室
06. 辅房
07. 咖啡吧
08. 书吧
09. 琴房
10. 舞蹈教室
11. 室外下沉剧场
12. 消防监控室
13. 砚池
14. 水景连廊

N

暮色中的行知中学

半拥青山半藏山

台山市广旭实验学校（一期）

建设单位：台山市广旭教育发展有限公司
项目地址：广东省江门市台山市南新区
设计时间：2020.9~2021.12
竣工时间：2022.7（一期）
办学规模：96班十二年一贯制学校，其中小学36班、初中30班、高中30班
用地面积：10.27hm^2
建筑面积：13.33万m^2 / 8.41万m^2（一期）

项目建筑师：于文原、张增武
方案团队：张洪川、司道强、王洪强、马筠茹、王帅、王书琪、李成成、
　　　　　王家熹、张恩蔚、刘元建、王子晗

台山市广旭实验学校（一期）

广东省江门市的台山市素有"第一侨乡"之誉，"侨乡特色"也自然成为校园的设计过程中被提及频率最高的语汇。以笔者一个外来者的眼光看来，侨乡独具特色的聚落空间模式，存乎于内、外两个面向。一方面，绵延不绝的岭南丘壑和亚热带气候环境，孕育了独特且复杂的社会环境，进而催生了先民们以小尺度、防御性的聚居单元同宏观山水和社会环境进行互动的聚落营建模式。另一方面，在同异域文化发生碰撞的过程中，属于特定历史时期的、丰富的"摩登"元素，造就了侨乡建筑不拘一格的多元风貌，传达出先民们开眼看世界的雄心。谓之"特色"，在于对地理、气候和社会环境的适应性，以及对于"新"和"现代性"的追求。

校园选址于台山市南新区边缘，西侧是平整后大尺度的现代化城市新区网格，东侧是城市开拓边界以外的自然丘陵环境。场地内部，南、北两座小山占据了校园用地的86%，竖向极差约63m。场地南侧的山体与平坦的城市道路之间接近20m高的断崖护坡，彰显着城市开拓的雄心和强大的环境改造能力，却也多少倾诉着一丝遗憾：沧海桑田之后，倘或初生的孩子们不再能够体验到，或者至少看到先民们为之奋斗过的环境基质，谓之"文化传承"，则难免显得苍白无力。

校园北部的山体被相对完整地保留了下来，构成校园空间体系的核心，作为1~6年级和7~12年级两个学部之间的天然过渡，隔而不隔，界而未界。我们在山上设计了一条蜿蜒的小径，穿过满山的植物将生活区与教学区连接在一起。山顶同时也是整个场地的制高点，我们在这里设置了一方小小的书院，穿过离离疏影，听闻潇潇秋声，孩子们可以在这安静的一隅寻觅世间万物，眺望远山丘壑。
400m运动场被置于场地内稀有的平坦区域——南北两座小山之间的谷地。为了尽可能提升谷地区域的场地利用效率，运动场标高被整体抬升，下部架空空间植入了文体活动、餐厅、车库和接送站等功能。相应地，校园的整体日常活动面也被抬升至一个相对合理的标高，以避免过大的校园场地极差对孩子们的日常活动造成不便。东北角相对平坦的区

域也采用类似的策略，设置了小学部使用的200m运动场以及活动和机动车通学空间。

小尺度的单元式建筑体量在多层次的非正式学习空间和交通关联之下，构成教学聚落和生活组团，适应于复杂的场地标高环境，与传统侨乡聚落同山体的共生策略同构，也同学院制的教学管理模式之间形成极高的默契。自然造化的山体骨架被相对完整地保留下来，让每一栋建筑的展开有据可依。建筑形体依山形扭转、生长、叠落，每一个院落都有一方天地，每一扇窗外都有一帘山色。行走其间，或于教室中安静诵读，或三五结伴在廊间庭中嬉戏，或携手于屋顶平台憧憬属于自己的诗和远方。

原本用于开山和场地平整的大量预算，被转而落实在孩子们触手可及的丰富体验上，对于建设各方而言，都是更为理想且乐于接受的处理方式。笔者想起初读类型学的时候，先生每每用"有法无式"作为告诫，让笔者去阅读背后的"元"。诚如顾炎武先生所论："渔父不必有其人，杏坛不必有其地"。谓之地域特色、文化传统，自有其形外之"元"，大可不必非得套上一个甚至根本不是本土原生的符号来标榜自身的"正统性"，以及脱离了环境基质支撑的形而上的"传承"。

城与山之间边缘地带的场地

建设中的校园

校园主入口广场

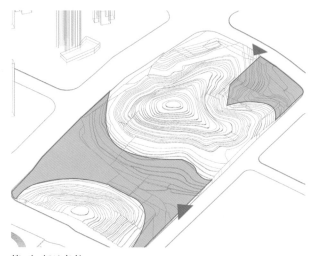

第1步 场地条件

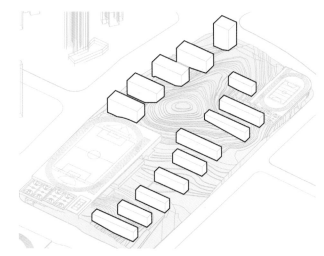

第2步 功能与体量

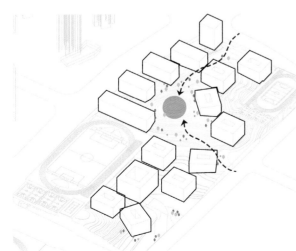

第3步 场景营造

第4步 空间生成

暮色中的中学部（组图）

晨光中的中学部

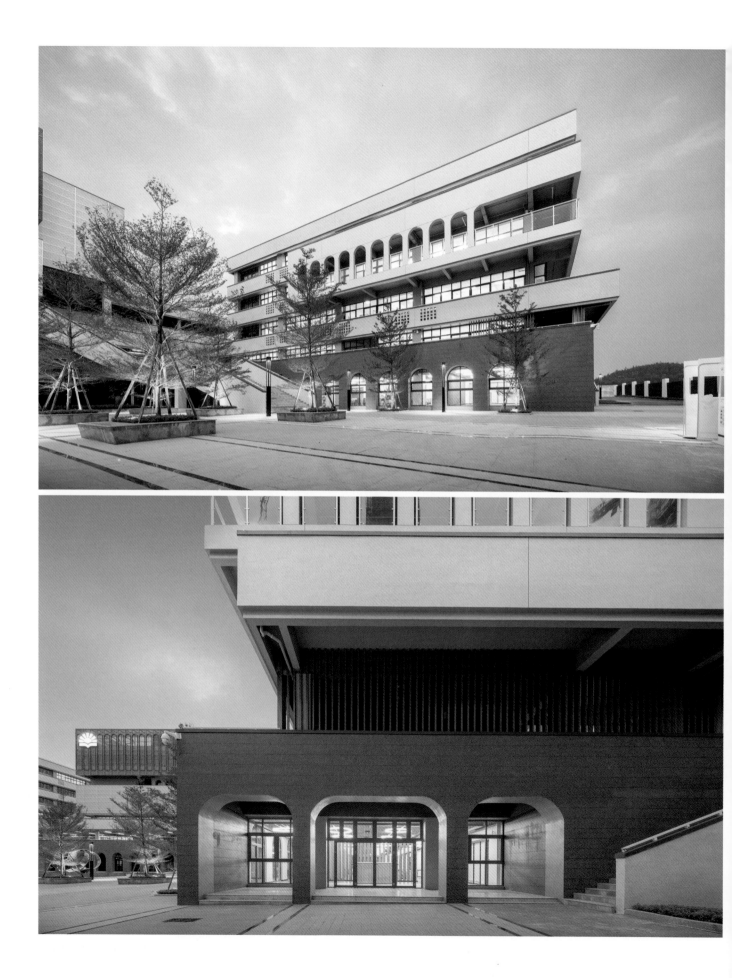

夜幕下的中学部（组图）

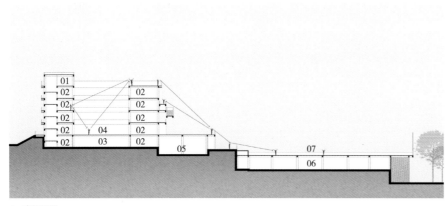

01. 设备用房
02. 非正式学习空间
03. 图书阅览室
04. 中庭及屋顶花园
05. 300座报告厅
06. 停车库
07. 200m运动场

1-1剖面图

总平面图

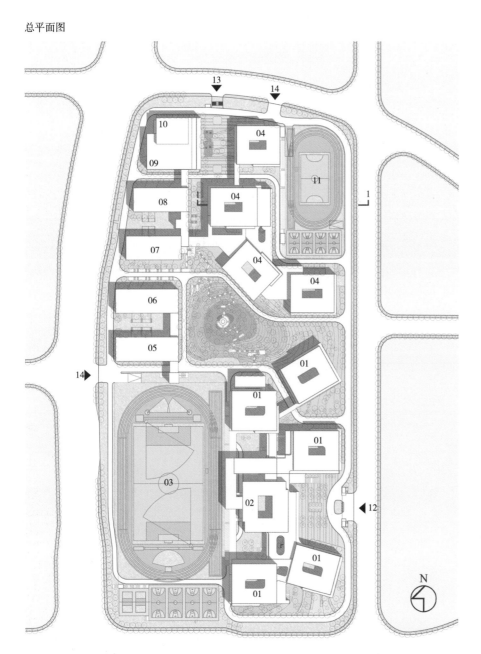

01. 中学部标准教学单元
02. 资源中心
03. 400m架空运动场（含风雨操场、800座演
    艺厅、餐厅及接送站）
04. 小学部标准教学单元
05. 中学部男生公寓
06. 中学部女生公寓
07. 小学部女生公寓
08. 小学部男生公寓
09. 小学餐厅
10. 教师公寓
11. 200m架空运动场（架空层设接送站）
12. 中学部主入口
13. 小学部主入口
14. 机动车出入口

中学部鸟瞰图

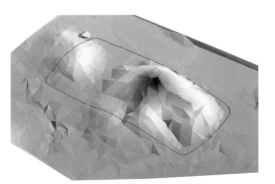

土方分析（平整前）

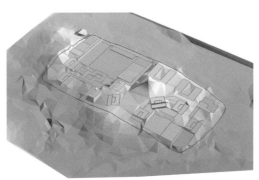

土方分析（平整后）

高程

■ 74.201~76.595	35.904~38.298
■ 71.808~74.201	33.51~35.904
■ 69.414~71.808	31.117~33.51
■ 67.021~69.414	28.723~31.117
■ 64.627~67.021	26.33~28.723
■ 62.233~64.627	23.936~26.33
■ 59.84~62.233	21.542~23.936
■ 57.446~59.84	19.149~21.542
■ 55.053~57.446	16.755~19.149
■ 52.659~55.053	14.362~16.755
■ 50.265~52.659	11.968~14.362
■ 47.872~50.265	9.574~11.968
■ 45.478~47.872	7.181~9.574
■ 43.085~45.478	4.787~7.181
■ 40.691~43.085	2.394~4.787
38.298~40.691	■ 0~2.394

（高程单位：m）

资源中心

资源中心

标准教学单元立面局部（组图）

晨光中的资源中心（组图）

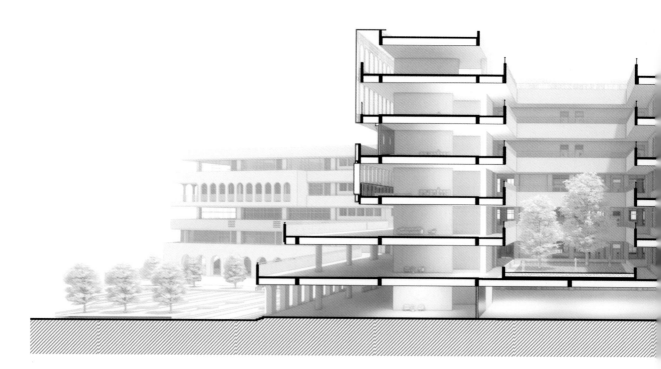

中学教学综合体一层平面图   中学教学综合体二层平面图

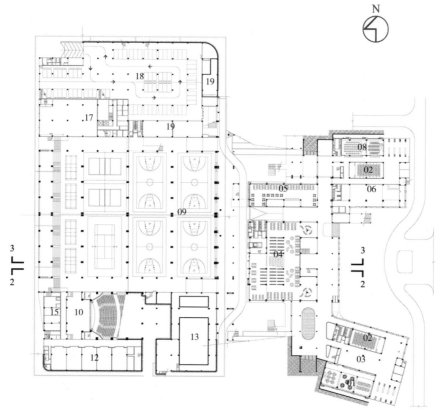

01. 人工智能创客实验室	06. 家长接待中心	11. 800座观众厅	16. 音乐教室
02. 160座合班教室	07. 非正式学习空间	12. 戏剧教室及排练室	17. 厨房
03. STEAM活动空间	08. 演示实验室	13. 游泳馆设备层	18. 车库及接送站
04. 图书馆	09. 风雨操场	14. 餐厅	19. 设备用房
05. 咖啡厅	10. 舞台	15. 多功能演艺厅后台	20. 计算机教室

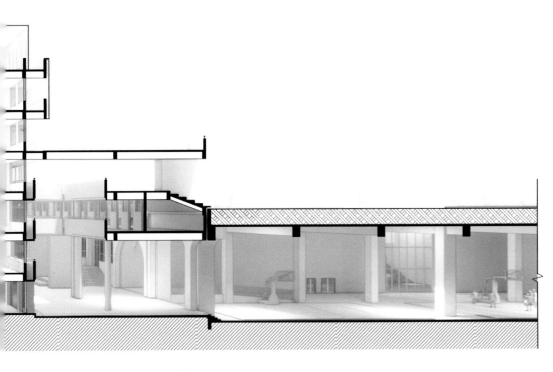

中学教学综合体2-2剖面透视图

中学教学综合体三层平面图

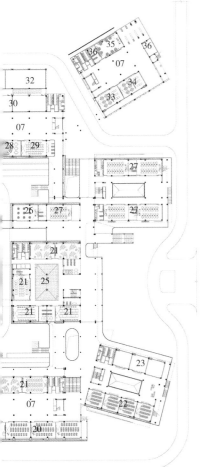

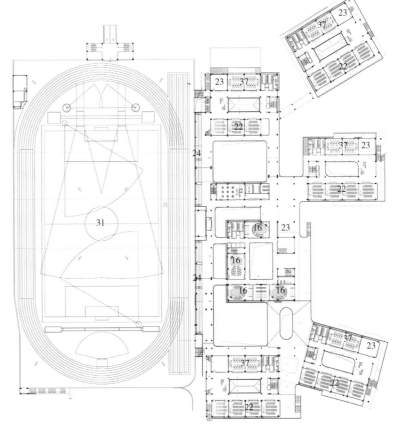

21. 美术教室	26. 化学数字探究实验室	31. 休息室	36. 器材室
22. 标准教室	27. 化学实验室	32. 设备用房	37. 生物实验室
23. 教师办公室	28. 语言教室	33. 人工智能实验教室	38. 6×25m泳道训练池
24. 琴房	29. 录播教室	34. 航模教室	
25. 屋顶花园	30. 总务办公及库房	35. 综合实验室	

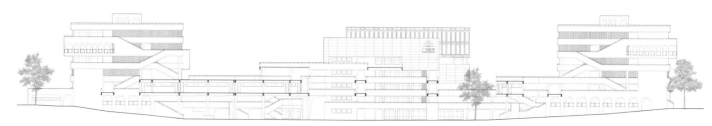

中学教学综合体立面图

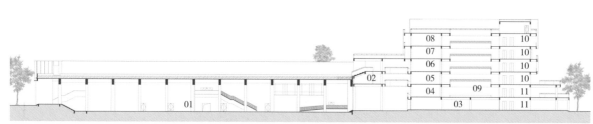

中学教学综合体3-3剖面图

01. 风雨操场
02. 琴房
03. 图书馆
04. 美术教室
05. 音乐教室
06. 人文教室
07. 校园广播站
08. 行政办公室
09. 中庭及屋顶花园
10. 非正式学习空间
11. 门厅

立面细节1

教学楼间的庭院1

教学楼间的庭院2

室外活动平台

层次丰富的室外活动空间（组图）

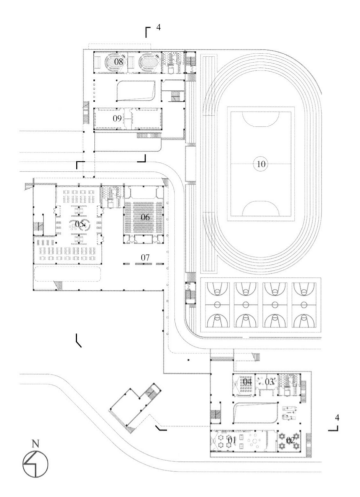

小学教学综合体一层平面图

小学教学综合体二层平面图

小学部主入口（效果图）

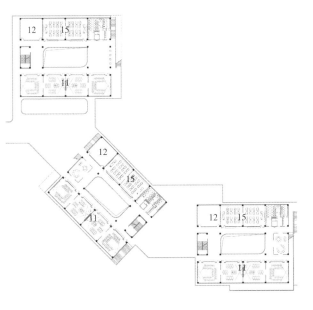

01. 机器人教室
02. 编程/查阅区
03. 头脑风暴
04. 演讲/授课区
05. 图书阅览室
06. 300座报告厅
07. 候场厅
08. 音乐教室
09. 舞蹈教室
10. 300m架空运动场
11. 标准教室
12. 教师办公室
13. 语音教室（兼信息技术教室）
14. 语言教室（情景会话）
15. 科学教室

小学教学综合体三层平面图

小学部教学综合体（效果图）

图书阅览室

咖啡吧 | 中学标准教室

人工智能创客实验室 | 图书阅览室

快乐山谷

鹤山市广旭实验学校（一期）

建设单位：鹤山市广旭教育发展有限公司
项目地址：广东省江门市鹤山市
设计时间：2020.10~2021.11
竣工时间：2022.7（一期）
办学规模：54班九年一贯制学校，其中小学36班、初中18班
用地面积：3.63hm²
建筑面积：4.79万㎡ / 3.09万㎡（一期）

项目建筑师：于文原、张增武
方案团队：焦尔桐、司道强、王帅、王书琪、李成成、王家熹、张恩蔚、
　　　　　刘元建、王雅姝、雒凤伟

鹤山市广旭实验学校（一期）

项目用地位于广东省江门市鹤山市东南，周边被现代化的闹市区包围。为了缓解学校通学期间可能对闹市区公共交通造成的影响，设计在校园用地范围内东南侧沿线后退了一条双车道支路，供城市和学校弹性使用。

场地内一座极差约45m的葱郁山丘，占据了87%的场地空间。一方面是值得为孩子们保留的原生环境记忆，另一方面则是本就不充足的用地规模，以及闹市中关于山体环境极其有限的景观视距和体验方式选择。

基于原生环境和地形特征，结合校园建筑空间营造一处供孩子们自主探索、体验的"山谷"，是校园空间环境设计的核心策略线索。我们将主体建筑设计顺应等高线布置，通过建筑体量围合和架空变化，在主要教学体量之间形成山谷庭院。"谷地"顺应场地的地形起伏抬升，结合自由形态的软质景观和活动设施，形成别样的山谷体验。主要教学建筑体量之间通过不同标高的、集合了交通、导向、游憩等功能的架空连廊进行连接，在教学区域内提供便利的功能整合。

校园东侧和东北侧相对平缓的场地和洼地，被用于安置两个学部共用的300m运动场。抬升的运动场下部架空空间，容纳了风雨操场、半室外游泳馆、800座多功能演艺厅、餐厅、机动车库和接送站以及丰富的艺术类教室。抬升后的主要活动面，同时使得校园的竖向交通流线极大缩短，相应地减少了建造过程中的土方开挖和对原生山体形态的破坏。

校园功能体量环绕下的中心山体，经过修整，变身为林地丰茂、鸟语花香的山体公园，成为师生们课余闲暇、探索、嬉戏的重要场所。对场地原生环境记忆的适当保留，同时也是对城市整体空间风貌的尊重。自然与城市之间，无数的欢笑、吵闹、白日梦伴随着欢乐峡谷的故事徐徐展开。在为学生营造健康、舒适的学习环境的同时，也能提供更多智能开放的成长环境，从而最大化实现校园建筑的价值。

闹市中的小丘（于文原 摄）

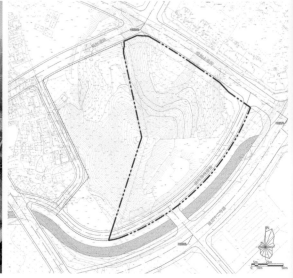

场地范围

快乐山谷鸟瞰图

标准教学单元沿街立面

主入口局部1 ‖ 主入口局部2

主入口局部

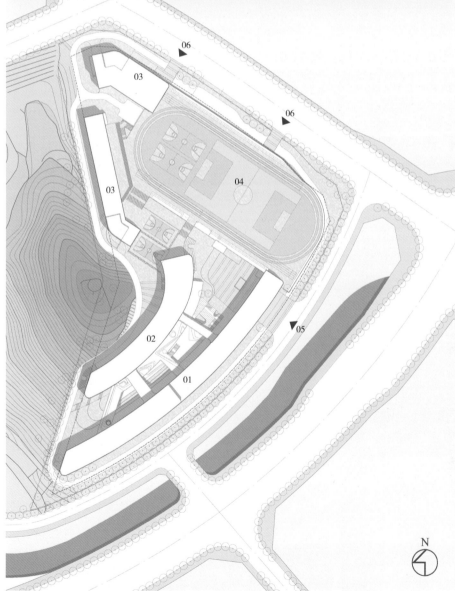

01. 标准教学单元
02. 教学综合楼
03. 学生公寓
04. 300m架空运动场（架空层设餐饮服务
　　中心、运动中心、艺术中心）
05. 主入口
06. 车行入口

总平面图

标准教学单元南立面

主入口局部（组图）

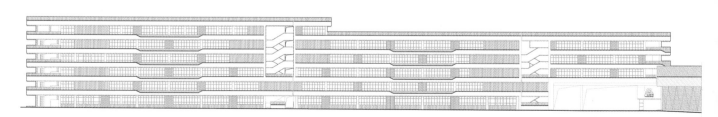

标准教学单元南立面展开图

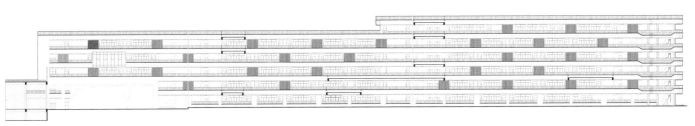

标准教学单元北立面展开图

标准教学单元局部

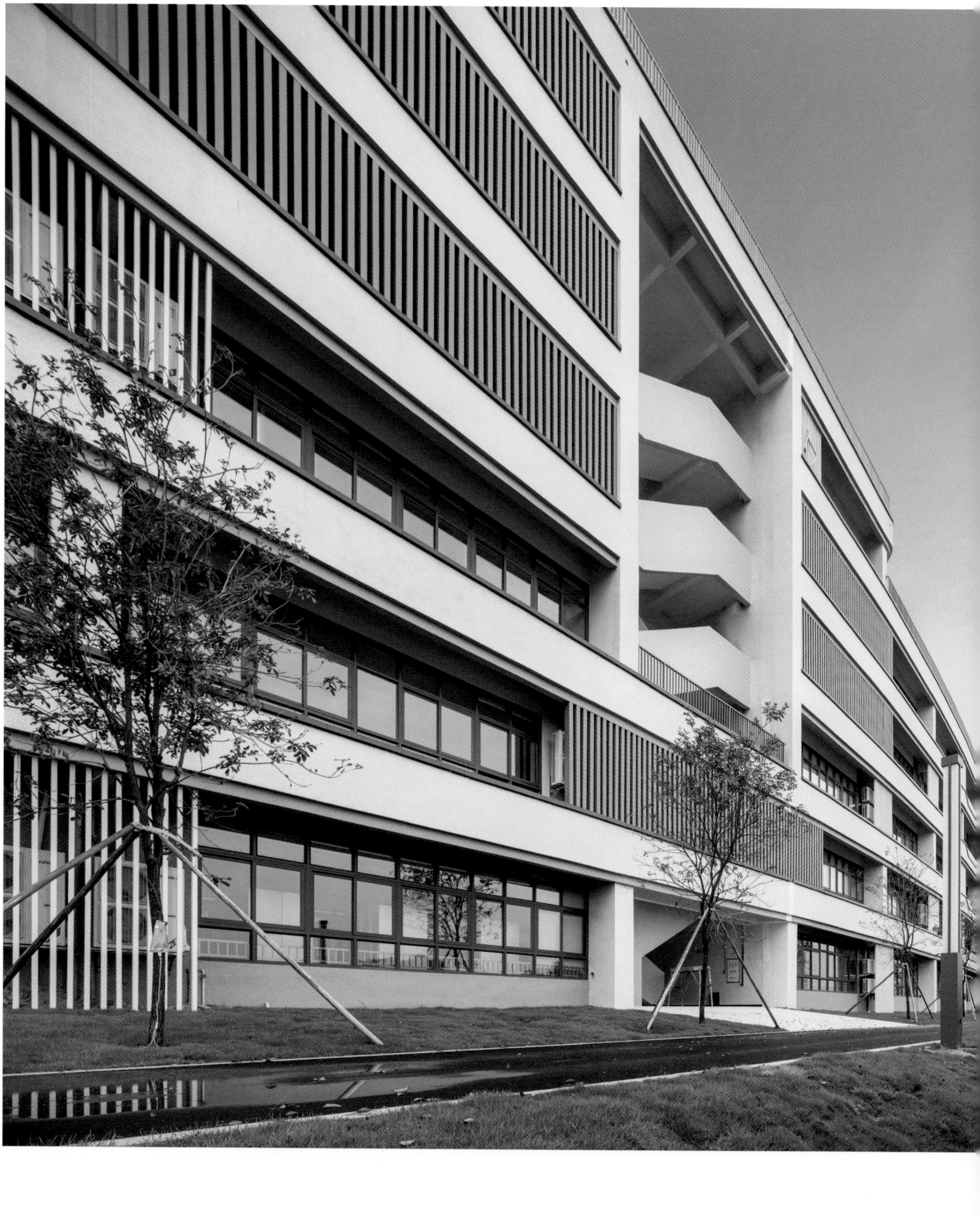

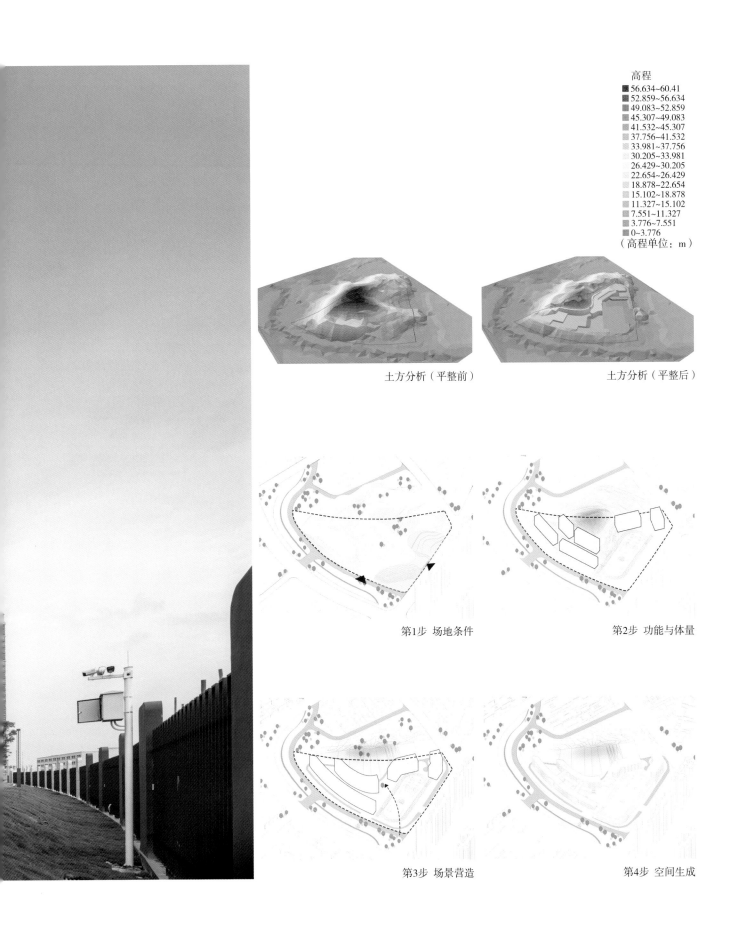

高程
■ 56.634~60.41
■ 52.859~56.634
■ 49.083~52.859
■ 45.307~49.083
■ 41.532~45.307
■ 37.756~41.532
■ 33.981~37.756
30.205~33.981
26.429~30.205
22.654~26.429
18.878~22.654
■ 15.102~18.878
■ 11.327~15.102
■ 7.551~11.327
■ 3.776~7.551
■ 0~3.776
（高程单位：m）

土方分析（平整前）　　　　　　土方分析（平整后）

第1步　场地条件　　　　　　第2步　功能与体量

第3步　场景营造　　　　　　第4步　空间生成

标准教学单元北立面

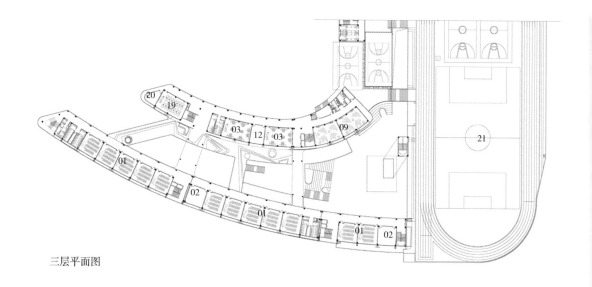

三层平面图

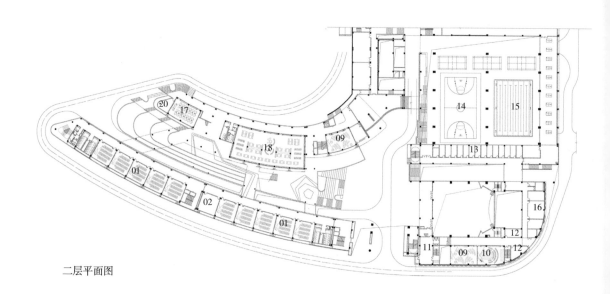

二层平面图

01. 标准教室
02. 教师办公
03. 科学实验室
04. 校园文化陈列
05. 储藏室
06. 书吧
07. STEAM教室
08. 800座观众厅
09. 美术教室
10. 音乐教室
11. 家长接待室
12. 器材室
13. 琴房
14. 风雨操场
15. 6×25m泳道训练池
16. 演艺厅后台
17. 化学实验室
18. 图书阅览室
19. 生物实验室
20. 准备室
21. 300m运动场
22. 舞台

一层平面图

快乐山谷效果图（组图）

校园主入口（组图）

主入口局部
楼梯局部1
楼梯局部2

标准教学单元主入口局部

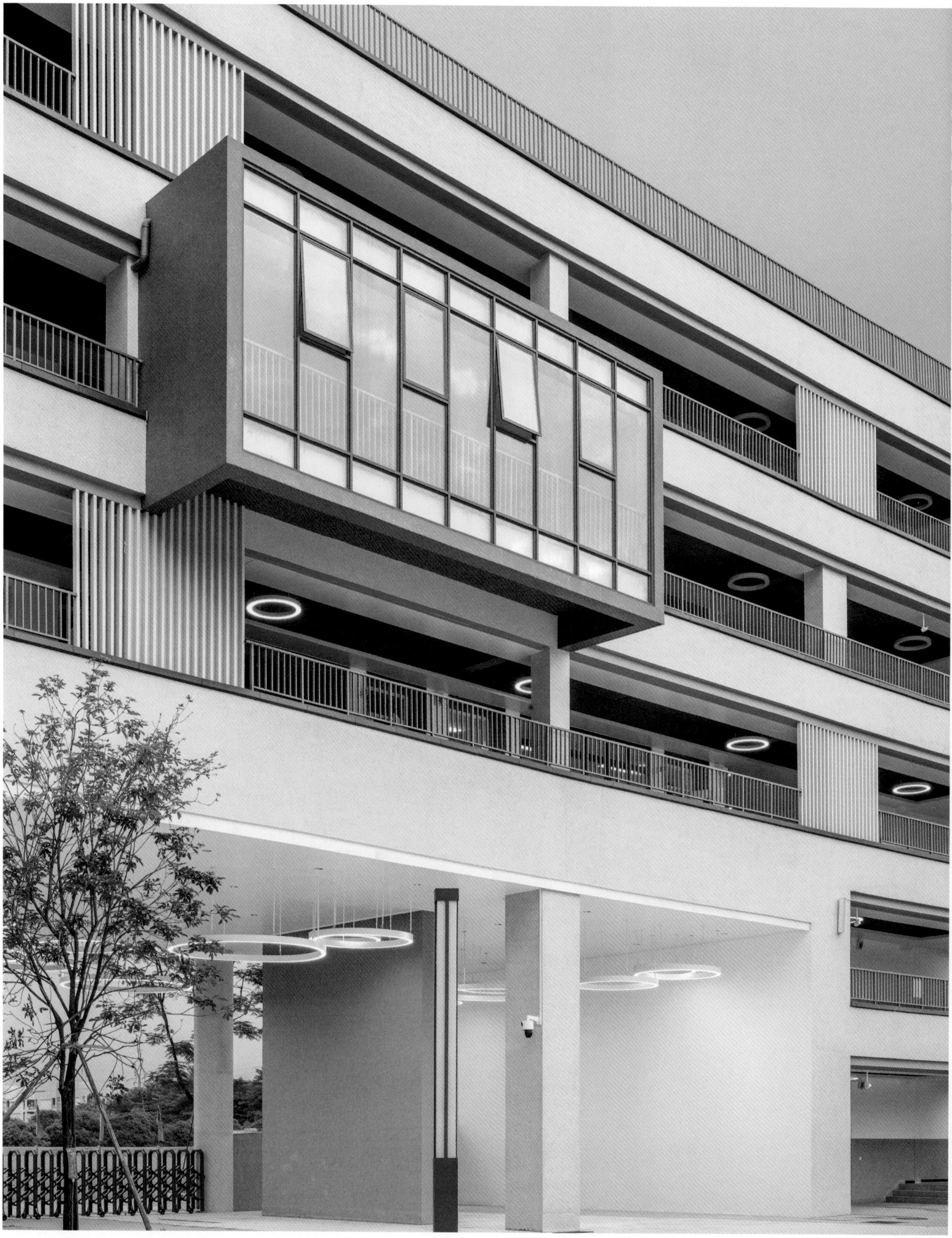

主入口庭院

教学楼走廊　　　　　　　　　　　　　　　　　演艺厅

风雨操场外走廊　　　　　　　　　　　　　　　风雨操场

3

第三章·学生行为与校园空间

把房子的尺度降下来
从地面砌起一道矮墙
让他略一用力可以翻过去
在形体交接的地方形成一个不过分锋利的锐角
让他可以藏在里面
在墙上稍高于他视线的位置开个洞口
让他可以踮着脚看对面楼上的孩子
让角落里有阳光投进来
让触手可及的地方有花红草绿
有些地方可以有欢唱舞蹈
有些地方可以有你侬我侬
有些地方可以有诗和远方……

快乐足迹
潍坊峡山双语小学

方体·色彩·幻想城
邹平渤海实验学校

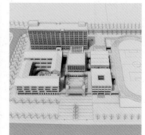
绣江之印
北大新世纪章丘实验学校

彩色盒子的舞蹈
271教育集团—
东阿南湖行知学校

快乐足迹

潍坊峡山双语小学

建设单位：潍坊茂源旅游开发有限公司
项目地址：山东省潍坊市峡山区
设计时间：2014.5~2014.12
竣工时间：2015.8
办学规模：120班完全小学及18班幼儿园
用地面积：16.07hm²
建筑面积：12.83万㎡

项目建筑师：张增武、焦尔桐
方案团队：张洪川、于文原、张洁、安琪、田雪、王继飞、曲悦、唐凯、
　　　　　王振坤

潍坊峡山双语小学

峡山是由山东省潍坊市东南部几个乡镇划转组建的，以现代农业、生态旅游为主导产业的经济区，农业人口占比超过80%。潍坊峡山双语小学由一所九年制学校的小学部迁址扩建而来，是一所寄宿制学校。现有的5500余名学生中，98%的生源来自于周边乡村。这些孩子的家庭中，有相当比例的父母或者因为外出务工无暇照料，或者因为自身文化水平限制等原因，更倾向于将孩子的未来"托付"给学校教育。

2014年踏勘场地的时候，周边还是一片百业待兴的样貌。西、北两侧毗邻城市干道，平地里目光所及，东边的一簇老柏树格外醒目。在团队的建议下，当地政府修改了校园东侧城市支路和居住区的用地规划，将柏树丛保留下来作为校园主入口前的提示性景观。以此作为起点，校园门禁向用地内后退出一块约50m宽、130m深、种满银杏的校园前区空间，以容纳寄宿学校集中接送的巨量通学人流。通学场地南、北两侧，分别布置了幼儿园和文体活动中心，面向周边社区开放。

提及诸如超大规模、低龄寄宿一类的关键词，很容易联想到装在一身不太合体的校服内，队列齐整、表情肃然的孩子，站在营房似的校园中的场景。在一定的发展阶段内，这类学校是现实中众多小城镇教育生态中的重要构成部分。出于安全性、管理效率、建造经济性等方面的考虑，强管理＋基于严格功能理性生成的校园建筑所构成的教育环境似乎能够形成逻辑上的自洽。然而，庞大的规模存在着组织内部个体之间关照度降低的隐忧，与家庭教育的部分缺位叠加，则可能放大这些问题在儿童心理、人际关系发展等维度产生的负面影响。

"让教育精准地指向'每一个'"是学校的校长留给笔者印象最深的一句话，既是办学目标，也是双方面对超大规模寄宿小学一致认同的方法论——关注并尊重每个孩子的个体差异。包含170余种课程的、高度校本化和生本化的"课程体系"，是教育者实现精准指向的基本切入点，而对于校园的空间环境设计，除了功能性的支撑以外，我们选择了以孩子们每日在校园中的穿行体验作为切入点。

建立在功能理性基础上的教学、生活、活动分区布局的逻辑，契合于超大的办学规模和极其有限的建设预算条件下，对于管理的便利性和建筑空间效率的优化诉求。但泾渭分明的校园中，孩子们的穿行路径以及穿行过程中的体验和风景，却可以是多元的。从教学区到生活区，我们在行列布局的主要建筑体量之间植入了5个两层的小工作坊和公共活动空间体量，以及6条不同方向、不同标高的连廊，在提升了单体之间交通关联的便捷度的同时，也留给孩子们丰富的路径选择和自主探索的可能性。

每个孩子可以跟小伙伴一起，循着自己喜欢的路径去往目的地，也可以尝试换一条路径，去发现别样的风景。在这些穿行的路径上，"大房子"的体量感被扭转、削切后的小体量消解；地面砌起的矮墙，可以略一用力就翻过去；在形体交接的地方形成一个不过分锋利的锐角，可以藏在后面；在墙面略高于视线的位置开个洞口，可以踮着脚看对面的孩子；让角落里有阳光透进来，让触手可及的地方有花红草绿；有些地方可以有欢唱舞蹈，有些地方可以有诗和远方。

教育的目的是让人生变得更有意义，当"一切为了孩子"在功利主义与人本主义之间发生博弈，并切实地从一句口号向实际操作转变的时候，盖一座学校就不再只是把宽敞明亮的教室摆起来这么简单粗暴的事情了。把自己放在一个体验者的视角去思考，谓之理想的那一部分内容豁然变得真切而可以触碰。盖一个房子，把孩子喜欢的东西放进去，让里面的生活跟外面的世界一样鲜活，让每天习惯性的麻木过程变得有意义。笔者以为，这应该就是在物化的东西可以用机器生产出来的时代，建筑师存在的价值。

教学综合楼东北视角鸟瞰图

教学区之间的穿行路径

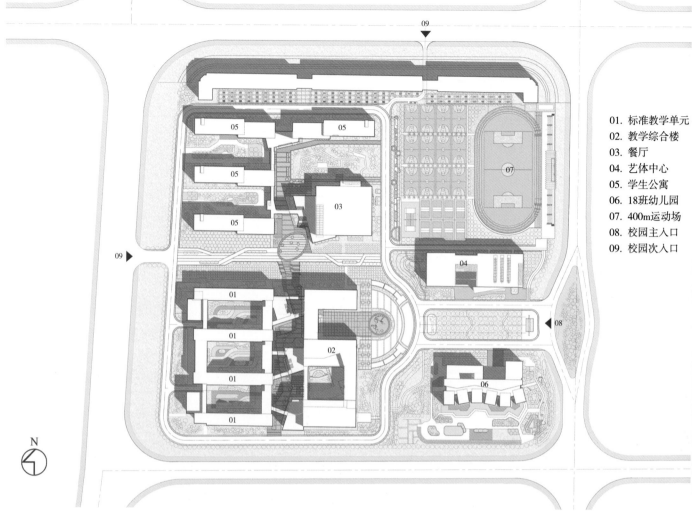

01. 标准教学单元
02. 教学综合楼
03. 餐厅
04. 艺体中心
05. 学生公寓
06. 18班幼儿园
07. 400m运动场
08. 校园主入口
09. 校园次入口

N

总平面图

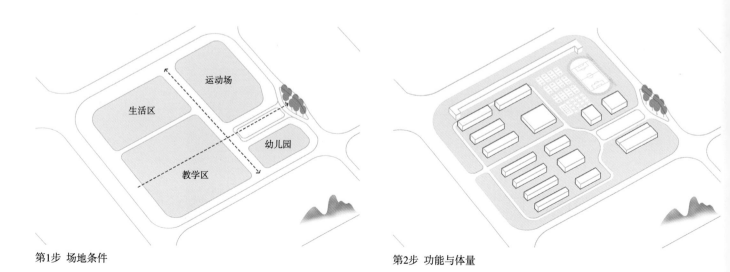

第1步 场地条件

生活区
运动场
幼儿园
教学区

第2步 功能与体量

教学区东南视角鸟瞰图

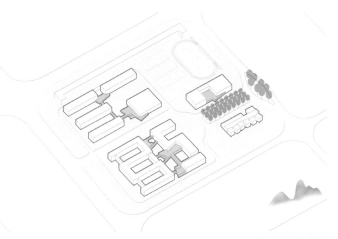

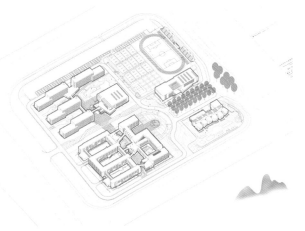

第3步 场景营造

第4步 空间生成

教学综合楼东立面

01. STEAM教室
02. 科学实验室
03. 科学探究室
04. 科学活动室
05. 美术教室
06. 计算机教室
07. 办公室
08. 室外下沉剧场
09. 标准教室

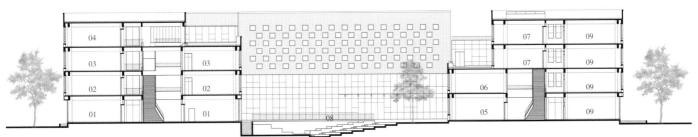

教学综合楼1-1剖面图

教学楼综合楼二层平面图

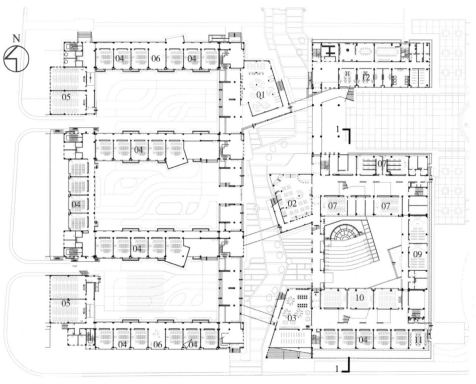

教学楼综合楼一层平面图

01. 图书阅览室	06. 班组群活动区	11. 教师办公室	16. 科学活动室
02. 书吧	07. STEAM教室	12. 行政办公室	17. 教师研讨室
03. 艺术工坊	08. 科学实验室	13. 计算机教室	
04. 标准教室	09. 音乐教室	14. 上人活动屋面	
05. 200座合班教室	10. 美术教室	15. 400座报告厅	

标准教学单元

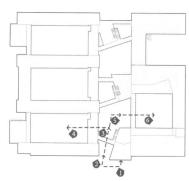

体验生动的穿行路径3（组图）

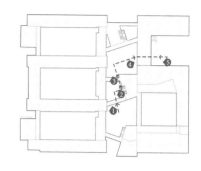

体验生动的穿行路径2（组图）

体验生动的穿行路径（组图）

多元的室外活动空间（组图）

连廊下的座椅

方体·色彩·幻想城

邹平渤海实验学校

建设单位：滨州海创产业园管理有限公司
项目地址：山东省邹平市新城区
设计时间：2021.4~2021.10
竣工时间：在建
办学规模：120班K12学校，其中幼儿园18班、小学48班、初中30班、
　　　　　高中24班
用地面积：13.33hm^2
建筑面积：13.86万m^2

项目建筑师：张洪川、于文原
方案团队：张增武、司道强、马筠茹、王帅、王书琪、李成成、王家熹、
　　　　　张恩蔚、刘元建、王雅姝、李海旭

邹平渤海实验学校

渤海实验学校是一所K12寄宿制校园，位于山东省邹平市南部新城中轴景观带南端节点。场地东侧和北侧被高层居住区环绕，西侧贴临规划中的城市中轴景观带。在强烈的城市空间秩序控制下，校园的整体风貌需要通过秩序化的处理，融入宏观的城市轴线序列之中。但同时，我们也希望能够避免过于直白的仪式感和夸张的环境尺度对校园内向环境的过度渗透。限定在方体空间的构成逻辑之中，为孩子们营造的多彩幻想小城，是我们对这个项目的策略注解。

起自东侧主入口的东西向轴线，控制着中学部仪式性广场、教学区、运动区的序列展开；而自北侧出入口进入的小学部，则通过横向展开的建筑体量，弱化了进深方向的序列逻辑。面向城市空间的立面处理，通过对延续性横向线条的运用，强调与城市空间相协调的尺度感与界面感；朝向校园内部的空间界面，则在更加丰富的形体组合的基础之上，通过更加丰富的色彩和韵律变化，营造活泼动人的场所氛围。校园中大量一层和二层变化体量的屋面，被拓展为室外活动平台，串联着自由流动的空间和多彩的校园场景。

在建筑室内外空间的组织上，设计基于儿童的身体尺度、心理特征以及新的教育模式诉求，通过适度开放、灵活的教学与活动空间的配置、变化丰富的空间层次与序列组织、丰富但适度克制的色彩搭配与细节处理，营造以学生和学习为核心的校园空间场所。多彩的室外活动空间和多尺度的室内非正式学习空间，在内外交通流线的连接下相互渗透，构成层级化的公共空间，对交谈、嬉戏、研讨、展示等多样化的自主学习行为提供系统化的支撑。

1~6年级学段和7~12年级学段，两区域之间通过一条东西走向的景观带，形成柔性的间隔过渡。宏观的平原城市环境中，我们依然希望在校园内适当保留一抹自然环境的意向。尽管人工雕琢的"自然"少了三分原生的野趣，但林地与相互嵌套的院落之间，功能性的硬化场地之外，喜欢安定静修的孩子们依然有适当的场所舒适地坐下来诵读。

校园鸟瞰图

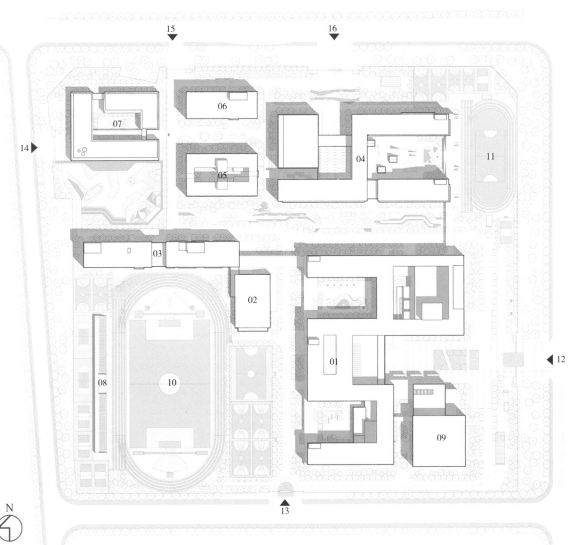

01. 中学部教学综合楼
02. 中学部餐厅
03. 中学部学生公寓
04. 小学部教学综合楼
05. 小学部学生公寓
06. 教师公寓
07. 18班幼儿园
08. 运动场看台
09. 运动中心
10. 400m运动场
11. 200m运动场
12. 中学部主入口
13. 中学部次入口
14. 幼儿园主入口
15. 后勤出入口
16. 小学部主入口

N

总平面图

第1步 场地条件

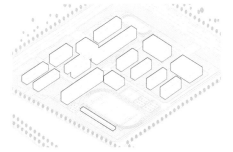

第2步 功能与体量

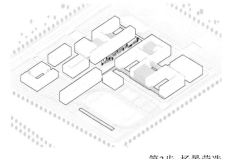

第3步 场景营造

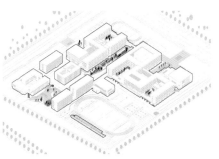

第4步 空间生成

校园鸟瞰（效果图）

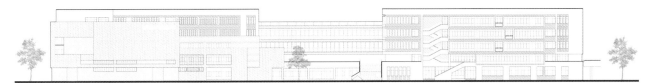

中学部综合楼东立面图

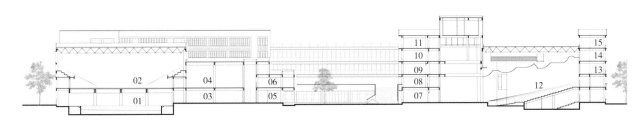

01. 训练池	04. 跆拳道室	07. 更衣室	10. 行政办公室	13. 琴房
02. 篮球馆	05. 一站式家长服务中心	08. 唱游教室1	11. 广播室	14. 器乐室
03. 健身房	06. 美术馆	09. 唱游教室2	12. 报告厅	15. 器乐合练室

中学部综合楼1-1剖面图

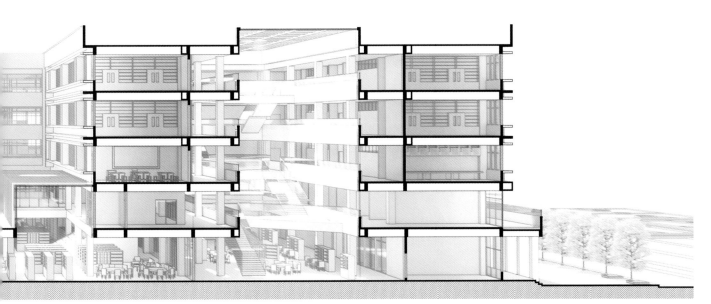

中学部综合楼2-2剖面透视图

中学部施工现场照片（组图）

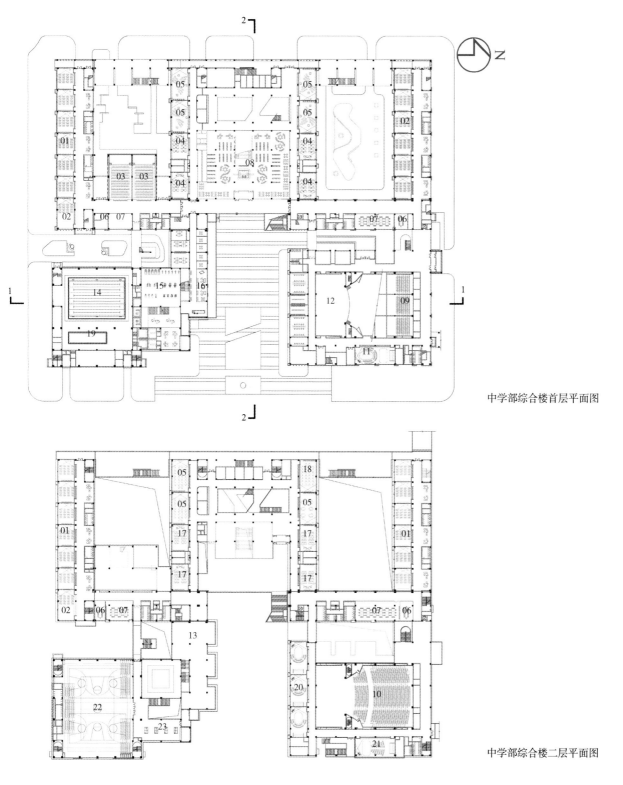

中学部综合楼首层平面图

中学部综合楼二层平面图

01. 标准教室	06. 教师研讨室	11. 戏剧教室	16. 家长服务中心	21. 合唱排练室
02. 弹性教室	07. 教师办公室	12. 舞台	17. 生物实验室	22. 750座篮球比赛馆
03. 200座合班教室	08. 图书馆	13. 学生作品陈列	18. 书法教室	23. 乒乓球馆
04. 化学实验室	09. 黑箱剧场	14. 6×25m泳道训练池	19. 儿童戏水池	
05. 美术教室	10. 1000座观众厅	15. 健身房	20. 唱游教室	

中学部综合楼中庭（效果图）　　　　　　　　　　　　体育中心入口局部（效果图）

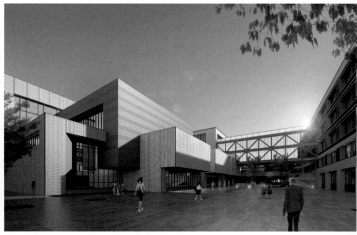

中学部综合楼局部（效果图）

中学部综合楼入口（效果图）

小学部综合楼主入口（效果图）

小学部综合楼庭院（效果图）

小学部施工现场照片（组图）

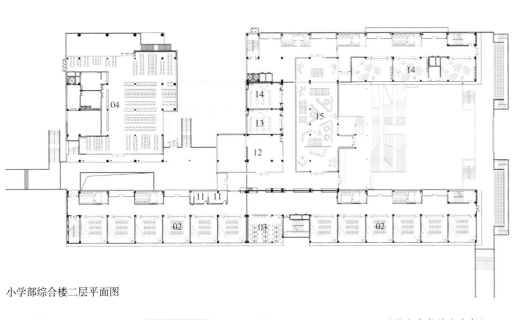

小学部综合楼二层平面图

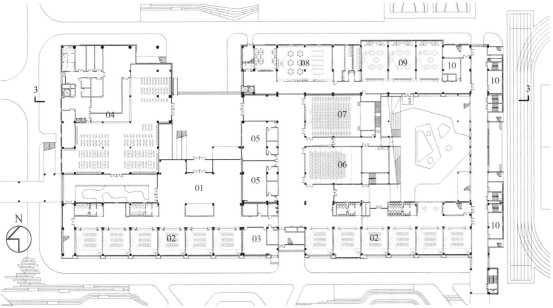

N

小学部综合楼一层平面图

01. 门厅
02. 标准教室
03. 教师办公室
04. 餐厅
05. 舞蹈教室
06. 250座合班教室
07. 400座报告厅
08. STEAM中心
09. 综合实践活动室
10. 辅助用房
11. 小组讨论室
12. 艺术工坊
13. 书法教室
14. 美术教室
15. 图书阅览室
16. 风雨操场
17. 空中连廊
18. 广播社团活动室
19. 小组会议室
20. 社团活动室
21. 运动场
22. 地下车库

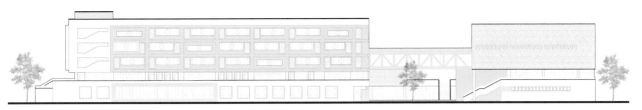

小学部综合楼北立面

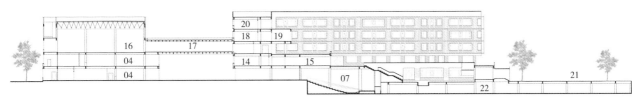

小学部综合楼3-3剖面图

幼儿园施工现场照片（组图）

01. 晨检厅　　　　05. 医务室
02. 活动单元　　　06. 值班室
03. 教师办公室　　07. 教工餐厅
04. 隔离观察室　　08. 厨房

幼儿园（效果图）

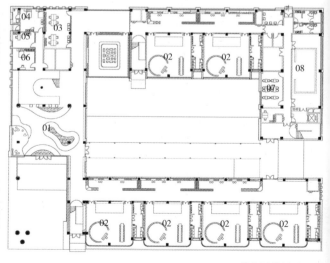

幼儿园首层平面图

214

绣江之印

北大新世纪章丘实验学校

建设单位：北大新世纪教育集团
项目地址：山东省济南市章丘区绣惠街道
设计时间：2019.12~2020.9
竣工时间：2021.8
办学规模：36班完全小学
用地面积：3.17hm^2
建筑面积：4.78万m^2

项目建筑师：于文原、王洪强
方案团队：张增武、焦尔桐、张洪川、袁龙玉

北大新世纪章丘实验学校

校园所在的绣惠，曾是历史上名城章丘的治所。女郎山下，绣江河畔，往来"如入画图邑"。在山东省济南市章丘区新的总体发展愿景中，绣惠古城将成为重要的城市文旅综合体和慢生活小镇。位于古城轴线东延节点上的校园，将不可避免地受到古城传统风貌的控制。

3.17hm² 的校园用地，需要容纳1300名孩子的学习和生活。根据校方提供的课程和运营模式资料推算的建筑规模达到4.8万m²。以"新"为内核的教育诉求和古城的历史风韵，在接近大城市中心城区土地利用强度的紧凑场地内发生碰撞。校园的设计，更具体地说是一种复杂条件约束下的空间经营，犹治印之法，在方寸之内通过减法操作，要有天和地留给孩子们嬉戏，也要有街有巷，有孩子们能读懂的"古韵"。

突破北方环境条件极限的容积率意味着校园在垂直维度的发展是一种必然策略。架空运动场形成的半地下空间提供了室内运动场所和寄宿制学校必需的通学集散场地。更具意义的是，随着运动场标高的抬升，西侧并置的教学和生活空间中，学生们大量的日常活动也被提升至距离阳光更近的地方。

作为垂直空间策略的副产品，校园的整体尺度也得到积极的优化。紧凑的建筑间隙，反而提供了更加接近传统街巷的体验。当孩子们在校园中的日常行走有了"穿街过坊"的体验，想必承担建造校园和引导孩子们成长责任的大人们也能够省去刻意的"古韵说教"，用更轻松的方式告诉孩子们，老祖宗留下了不少好东西。

半架空的底层空间，为校园体验的进一步丰富留出了足够的操作空间。庭院不再是尺度失真的牵强围合，它能够通过强烈的指向性传达仪式感，也能够通过向心性的暗示引导群体性的体验，可以借助形式元素的重复叠置引发思考，也可以经由多元的通行路线选择带给孩子自主选择的乐趣。

受到疫情的影响，校园从土建到基装的建造周期被大幅度压缩到仅剩6个月。建设者们夜以继日在极限的工期下保证了校园的按时交付，却也为整个校园的设计建造过程留下了诸多遗憾。仓促间，校园的宏观空间框架得到了完整呈现，却无暇考究更多触手可及的细节。先人谓之"天时不可知"，大抵可以此略作宽解。

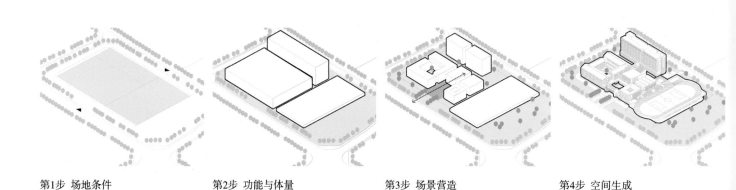

第1步 场地条件   第2步 功能与体量   第3步 场景营造   第4步 空间生成

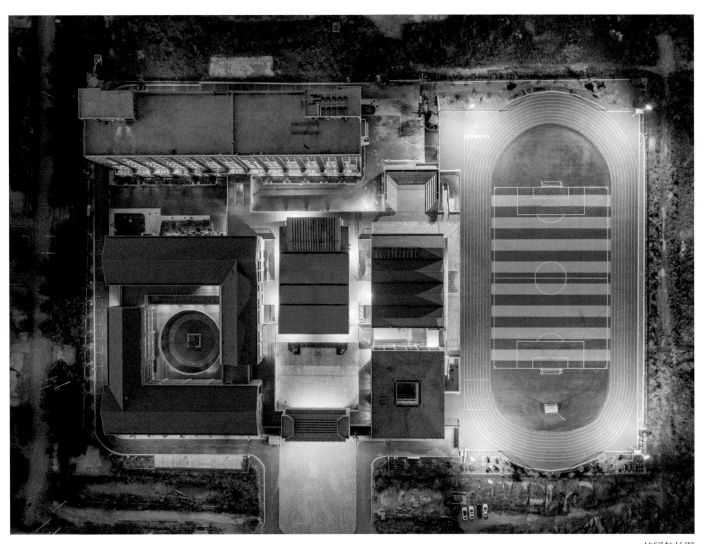

校园航拍图

校园鸟瞰图

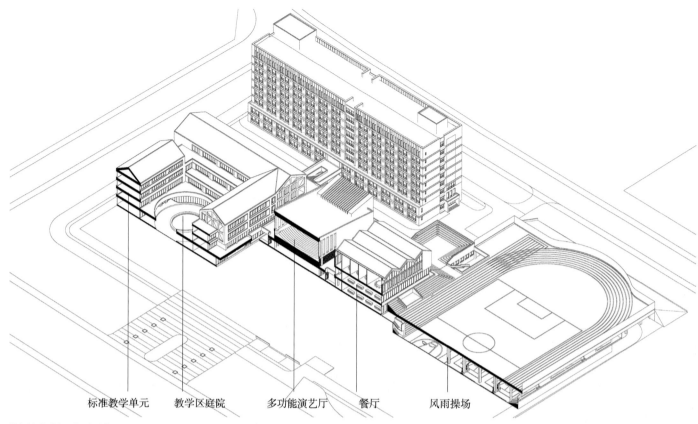

标准教学单元　　教学区庭院　　　多功能演艺厅　　餐厅　　　风雨操场

校园空间剖面关系示意

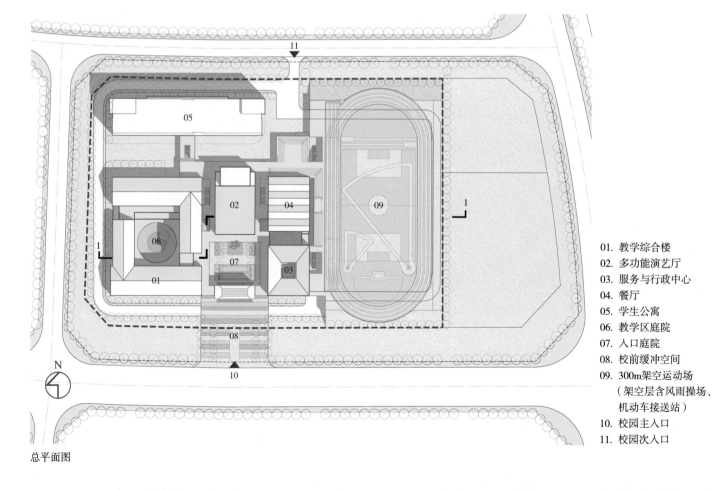

01. 教学综合楼
02. 多功能演艺厅
03. 服务与行政中心
04. 餐厅
05. 学生公寓
06. 教学区庭院
07. 入口庭院
08. 校前缓冲空间
09. 300m架空运动场
（架空层含风雨操场、
机动车接送站）
10. 校园主入口
11. 校园次入口

总平面图

西南视角鸟瞰图
教学区街巷

教学区（组图）

生活区（组图）

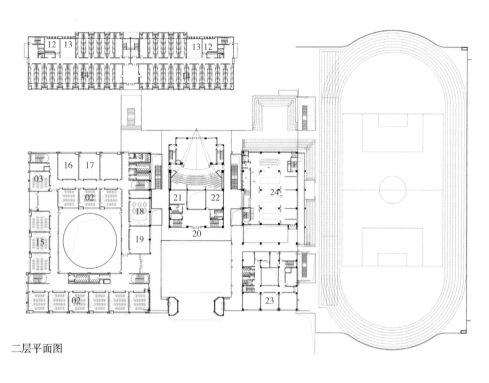

二层平面图

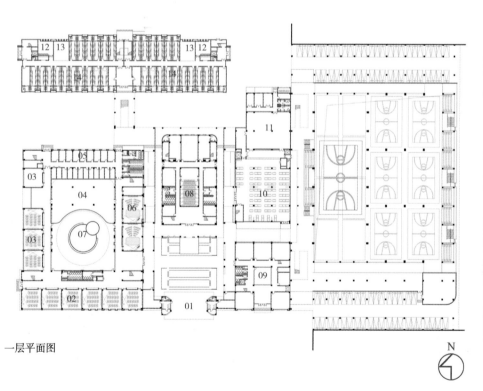

一层平面图

N

01. 传达室	06. 音乐教室	11. 操作间	16. 少先队活动中心	21. 储藏间
02. 标准教室	07. 庭院	12. 洗衣房	17. 科技社团教室	22. 同声传译室
03. ESL教室	08. 150座合班教室	13. 公共活动室	18. 视觉艺术教室	23. 行政办公室
04. 绘本馆	09. 家长接待中心	14. 居住单元	19. 书法教室	24. 特色餐厅
05. 琴房	10. 餐厅	15. 机动教室	20. 活动平台	

入口庭院

体验各异的教学区庭院
（组图）

生活区局部（组图）

彩色盒子的舞蹈

271 教育集团—东阿南湖行知学校

建设单位：东阿县昌隆教育管理有限公司
项目地址：山东省聊城市东阿县
设计时间：2017.3~2017.9
竣工时间：2018.8
办学规模：162班完全中学，其中初中90班，高中72班
用地面积：15.45hm²
建筑面积：14.57万㎡

项目建筑师：张洪川、张增武
方案团队：于文原、王洪强、安琪、田雪、武瑜葳、张天宇

南湖行知学校选址于山东省聊城市东阿县，由271教育集团植入管理。在校长们的理想中，孩子们的年龄跨度和身心发育的阶段性差异，不应成为将之区隔为一个个互不关联的独立群体的必然依据。大孩子和小孩子之间，固然存在发生类似校园霸凌等社会性问题的隐患，但教育活动以及承载这种教育活动的空间环境本身，需要构建一种适当的基质，让不同年龄段的孩子在一个开放、活泼、友好的场所氛围内，由相互之间试探性的观察开始，逐渐过渡到相互理解和模仿，进而以一种更加积极的方式，实现教育意义上的共同成长。

不区分学部的教学区和生活区内部，设计在所有孩子每日上学、活动、就餐、放学必经的路径上，植入了几组颜色鲜艳明快的小尺度体量建筑。扭转错置的"盒子"内部，是内容丰富的开放性工作坊；"盒子"之外，是透过彩色穿孔板散射的光晕下，与间或植入的软质庭院景观交融一体的室外活动空间。开朗的孩子们三五结伴穿梭其间嬉戏打闹；内秀的孩子们立于平台或连廊之上静静观察；苦读的孩子们也能够透过教室的窗户，憧憬完成一天学业之后的生动时光。

东南视角鸟瞰图

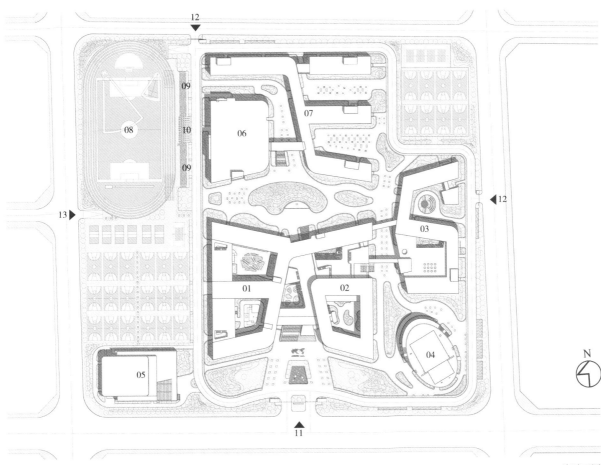

总平面图

01. 标准教学单元	06. 餐厅	11. 主入口
02. 资源中心	07. 学生公寓	12. 次入口
03. 教学综合楼	08. 400m运动场	13. 机动车出入口
04. 演艺中心	09. 1400座运动场看台	
05. 体育馆	10. 主席台	

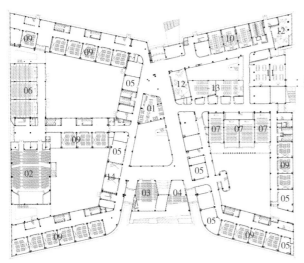

一层平面图

二层平面图

01. 怡心轩	05. 教师办公室	09. 标准教室	13. 美术教室
02. 850座学术报告厅	06. 200人合班教室	10. 书法教室	14. 社团活动室
03. 250座报告厅	07. 160人合班教室	11. 陶艺工坊	15. 茶艺教室
04. 160座报告厅	08. 屋面活动空间	12. 美术教室	16. 资源教室

穿行空间中错置的彩色"盒子"（组图）

庭院间的色彩舞蹈（组图）

跳跃色彩的穿行路径（组图）

4 第四章·城市环境与校园空间

建筑是理性和感性交织作用的物化呈现
作为一个权衡者
建筑师可能无法完全自如地跨越两者之间的界限
但却可以尽可能地将设计的原点
推向这种造物操作的本原——
充满了友善的秩序的城市环境中
弥漫着如我们年幼时的回忆一般鲜活的童年

城市中的成长聚落
271教育集团——
潍坊瀚声学校

友善的秩序
济阳区新元学校

小城更新运动中的校园建造
曹县县城的三所小学：（曹
县磐石路小学、第四完全小
学、汉江路小学）

城市中的成长聚落

271 教育集团—潍坊瀚声学校

建设单位：潍坊茂源旅游开发有限公司
项目地址：山东省潍坊市奎文区
设计时间：2015~2017
竣工时间：2018.8
办学规模：96班十二年一贯制学校，其中小学36班，初中36班，高中24班
用地面积：10.0hm^2
建筑面积：12.2万m^2

项目建筑师：张增武、焦尔桐
方案团队：张洪川、于文原、王洪强、郑洁、田雪、武瑜葳、张天宇、
　　　　　孙喆源

271教育集团—潍坊瀚声学校是一所十二年一贯制的寄宿学校，在校生规模约3200人。项目场地位于城市中心区的边缘地带，西侧是城市快速路，南侧毗邻已经在崛起的大尺度城市建筑，东侧和北侧与规划中的高层居住区隔张面河水系相望。

西侧快速路的噪声干扰、西北角的现状变电站以及北侧用地边界外不远处的一条东西向的高压走廊，是周边环境中需要通过布局处理加以规避的直接不利因素。设计将运动场和体育馆沿场地西侧布置，同时可以结合西侧的次要出入口实现对周边社区的共享开放；利用餐厅和体育馆两个使用频率相对较低，且对自然采光要求不高的建筑，将变电站隔离在校园视野之外；主要的教学和住宿体量靠近场地东侧布局，并朝向水体景观打开。

在"国际化"的办学定位下，丰富的功能诉求需要远高于标准化学校的空间体量加以承载。在不考虑室外运动场抬升利用的情况下，24m的建筑限高以内，1.3的容积率已经达到了当地气候条件下场地利用的极限。为了生活区与教学区之间的通学路上能够留出一片足够大的场地，来安放晨辉、空气、林地、田野和小溪，校园入口的仪式性广场被最大限度地压缩。相应地，我们利用运动场地下空间设置了近300车位的地下接送站，以满足寄宿制学校集中接送，并由家长入校辅助安置生活所需的需求。

被压缩的入口广场空间，很大程度上被代之以一个嵌在教学综合楼中间、层层退台的半室外光庭，作为学生们转班过渡、路演和课余活动的场所。形体的适当扭转和因之加大的楼间院落开口，使更多房间能够收获北方宝贵的冬季阳光，以改善压缩建筑间距所带来的日照问题；同时也在校园空间和东侧的水体景观之间建立起相互的渗透关联。学生主要活动空间的布置规避了底层和不良的朝向，这样可以通过阳光和视觉上的尺度消减底层可能产生的消极室内体验。

为了把一个国际化学校所有的功能需求都放进去，空间的整合是必然的策略。1~6年级和7~12年级两个教学综合体整合了绝大部分使用频率较高的教、学、活动功能。在高度整合的综合体模式下，室内公共空间的处理是格外值得关注的重点。除了在课堂中师生之间的互动，课余时光里打水、上厕所、在楼道里疯跑、抑或三五成群地讨论碰撞，才是教育理想中那种积极的自发性行为和社会性行为最集中发生的时候。10分钟的课间并不能够支撑学生从楼上跑到室外—活动—再回到班级教室，而层间毗邻各类教学用房，并由交通空间系统连接的非正式学习空间能够做到。教学区远离设备外机的屋顶空间，也被最大限度地利用起来。屋顶农场由师生共同耕种，让孩子们在一片初春的嫩绿和深秋的金黄之间体验课堂上讲授的关于万物生长的知识。

围墙内的校园，总是能与人们关于乌托邦的美好想象联系在一起。构成这种联系的，是一系列单纯、美好的生活记忆。在城市建成环境的基质环绕下，通过积极的外向策略趋避，从场地、肌理、尺度、风貌等不同面向与城市环境形成良性的互动，是一种技术必然，而这种必然与那种联系之间需要建立一种微妙的平衡：一面是如何回应城市的环境特征，一面是必须留给孩子们什么。

西南视角鸟瞰图

东南视角鸟瞰图

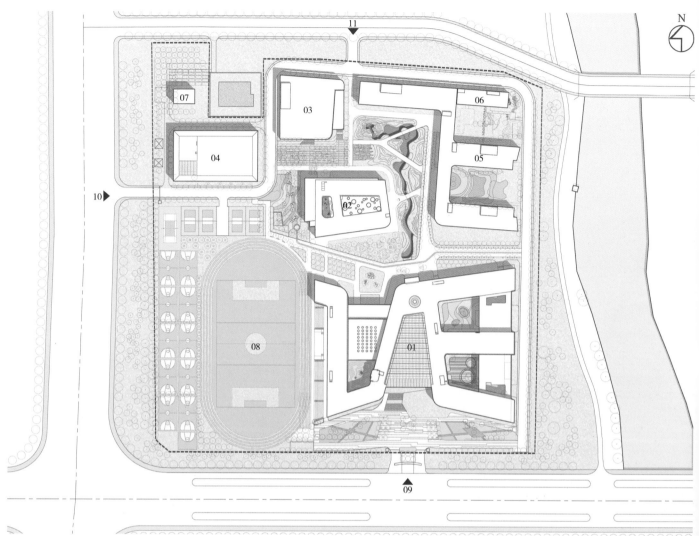

N

总平面图

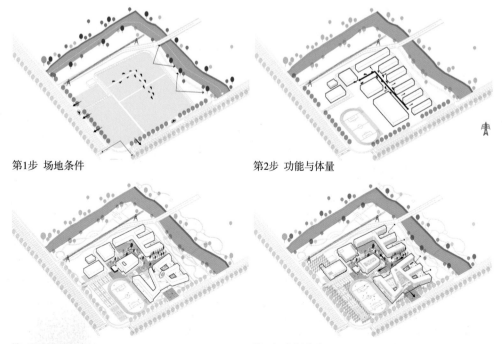

第1步 场地条件

第2步 功能与体量

第3步 场景营造

第4步 空间生成

01. 中学部教学综合楼
02. 小学部教学综合楼
03. 餐厅
04. 体育馆
05. 学生公寓
06. 教师公寓
07. 设备用房
08. 400m运动场
09. 中学部入口
10. 小学部入口
11. 后勤入口

暮色中的中学部教学综合楼

校园主入口

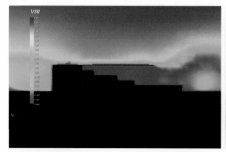

中学部综合楼夏季风速云图（顶棚天窗关闭） 中学部综合楼夏季风速云图（顶棚天窗开启）

为保证建筑顶棚在极端天气下的结构
安全性和日常使用中光庭及两侧教室
的通风，对该区域进行风环境模拟，
以确保顶棚下具有良好的环境舒适度。

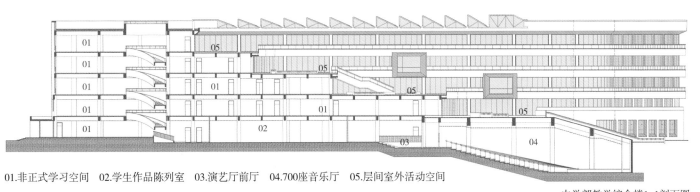

01.非正式学习空间　02.学生作品陈列室　03.演艺厅前厅　04.700座音乐厅　05.层间室外活动空间

中学部教学综合楼1-1剖面图

中学部教学综合楼1 ｜中学部教学综合楼2
阳光顶棚下的半室外活动空间1 ｜图书馆入口

阳光顶棚下的半室外活动空间2

中学部教学综合楼庭院（组图）

阳光顶棚下的半室外活动空间

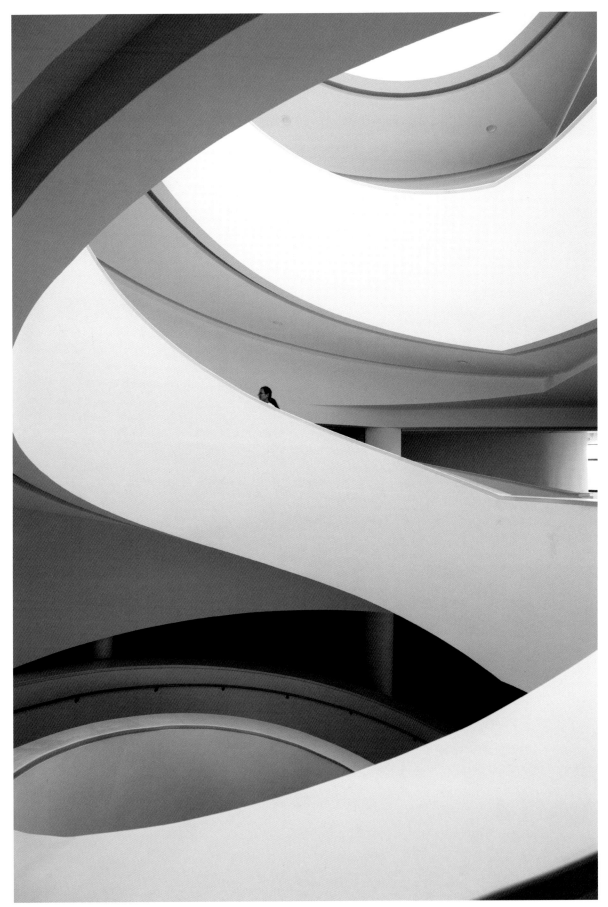

螺旋楼梯

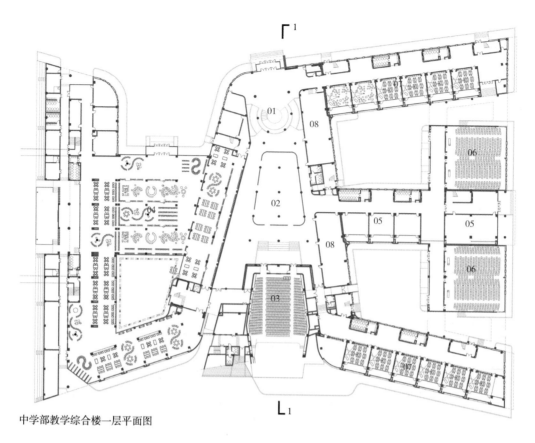

中学部教学综合楼一层平面图

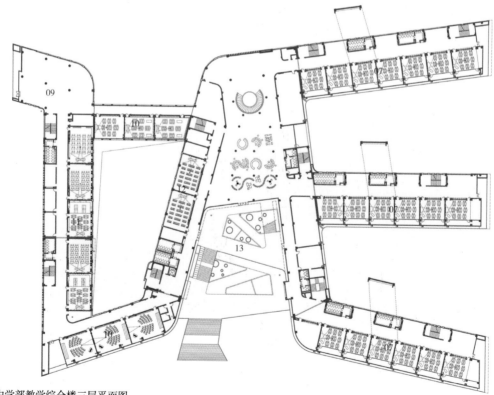

中学部教学综合楼三层平面图

01. 非正式学习空间	04. 图书馆	07. 标准教室	10. 历史教室	13. 半室外活动空间
02. 学生作品陈列室	05. 教师办公室	08. 美术教室	11. 生物实验室	
03. 700座音乐厅	06. 300座合班教室	09. 社团活动室	12. 物理实验室	

小学部教学综合楼（组图）

彩色"城堡"

小学部教学综合楼中庭（组图）

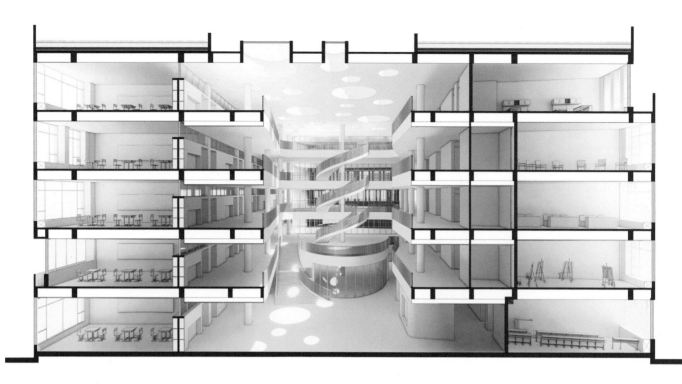

小学部综合教学楼2-2剖面透视图

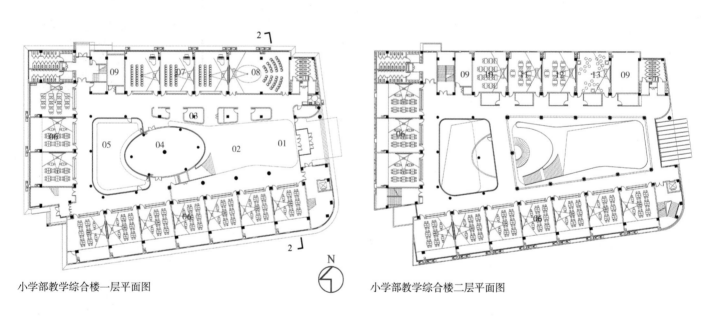

小学部教学综合楼一层平面图

N

小学部教学综合楼二层平面图

01. 门厅	04. 艺术工坊	07. 音乐教室	10. 书法教室	13. 美术教室（写生）
02. 非正式学习空间	05. 庭院	08. 器乐排练室	11. 美术教室（欣赏）	
03. 琴房	06. 普通教室	09. 教师办公室	12. 美术教室（陶艺）	

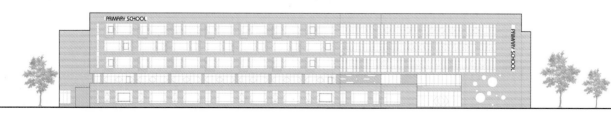

小学部教学综合楼东南立面展开图

图书阅览室
怡心轩（组图）

生活区（组图）

走廊尽端的观察窗

体育馆（组图）

体育馆门厅

篮球比赛馆

游泳馆

友善的秩序

济阳区新元学校

建设单位：济阳区教育局
项目地址：山东省济南市济阳区
设计时间：2016.12~2017.3
竣工时间：2018.7
办学规模：84班九年一贯制学校，其中小学36班，初中48班
用地面积：8.89hm^2
建筑面积：6.80万m^2

项目建筑师：王洪强、张洪川
方案团队：张增武、于文原、张天宇、田雪、武瑜葳、孙喆源

济阳区新元学校

济阳是山东省济南市主城区北邻的卫星小城，县改区的行政动议为小城提供了快速发展的契机。"圣人闻韶"的典故是小城重要的文化名片，相应的城市空间规划，也格外强调了"择中"的基本逻辑。

校园位于济阳城区中心轴线的南端，行政服务中心、绿地公园、城市广场、文化中心、水体公园，与校园场地构成了完整的序列秩序。一面是严整的城市轴线控制，一面是4000名生而活泼的学子，在这样的城市语境下，校园除了成为城市序列中的收束节点，同时也应该拥有属于学校的活力与诗性。

先贤谓之"致中和，天地位焉，万物育焉"。中心构图的平面布局与规整延续的建筑体量回应了城市轴线的控制，横向延展的入口界面徐徐展开。综合楼与大台阶强化了这种中心化的秩序，背着书包的孩子也因此对求知有了更多的期待与敬畏。而略向后退的柔曲体量，则以相对平和的姿态向孩子们传达对秩序的尊重。

构建一个善意、安全、相互支持的环境，是一座理想校园的应有义务，而这种空间操作的基础是尊重并关注每一个孩子对于自我的合理化表达。在回应宏观的城市环境控制之余，我们希望在校园之内，将尽可能多的空间"留白"，让位给孩子们的生动记忆。校园的空间序列，在越过综合楼之后，是开阔的运动场以及远端的水丰林盛的城市公园。对于择中秩序的传达，在短暂的强调之后随之遁于无形；开阔无隔的场地之上，相对独立的两个学部的孩子，有机会跨越年龄的隔阂携手奔跑。

成年人可能很难理解或者设计孩子们的嬉戏路径，但很多成年人眼中稀松平常的东西，却能够在孩子们的记忆中鲜活地留存下来。设计选择在二层平台之上去安放这些内容，离楼上的孩子们更近，也易于形成更丰富的层次。屋顶平台、间或植入的软质庭院景观，建筑间贯通的洞口以及内含的色彩，构成了课间的乐园。

建筑是理性和感性交织作用的物化呈现。作为一个权衡者，建筑师可能无法完全自如地跨越两者之间的界限，但却可以尽可能地将设计的原点推向这种造物操作的本原——充满了友善的秩序的城市环境中，弥漫着如我们年幼时的回忆一般鲜活的童年。

东南视角鸟瞰图

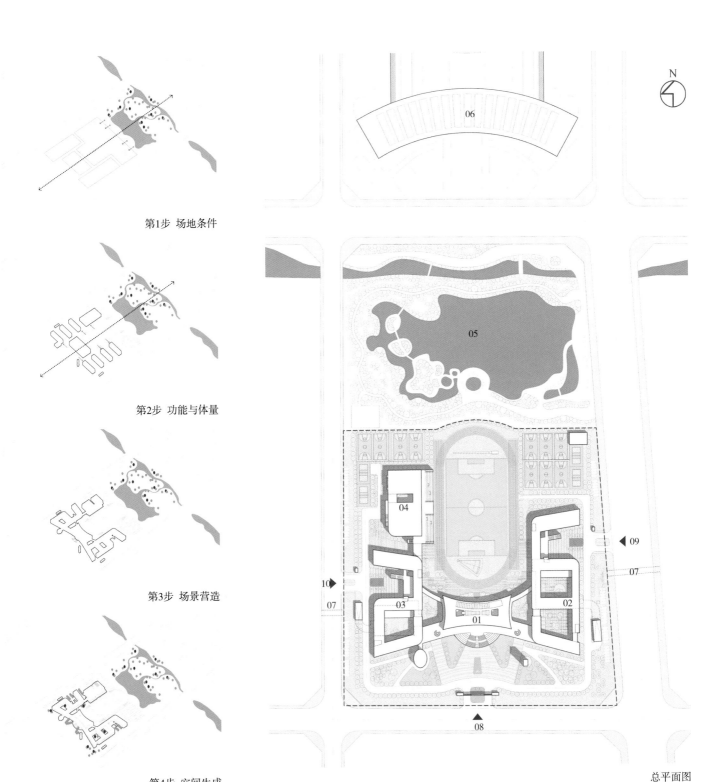

第1步 场地条件

第2步 功能与体量

第3步 场景营造

第4步 空间生成

总平面图

01. 综合楼	06. 济阳文体中心
02. 中学部教学综合楼	07. 规划地下步行通道
03. 小学部教学综合楼	08. 校园主入口
04. 艺体中心	09. 中学入口
05. 城市公园	10. 小学入口

综合楼局部 | 西南视角鸟瞰图
综合楼

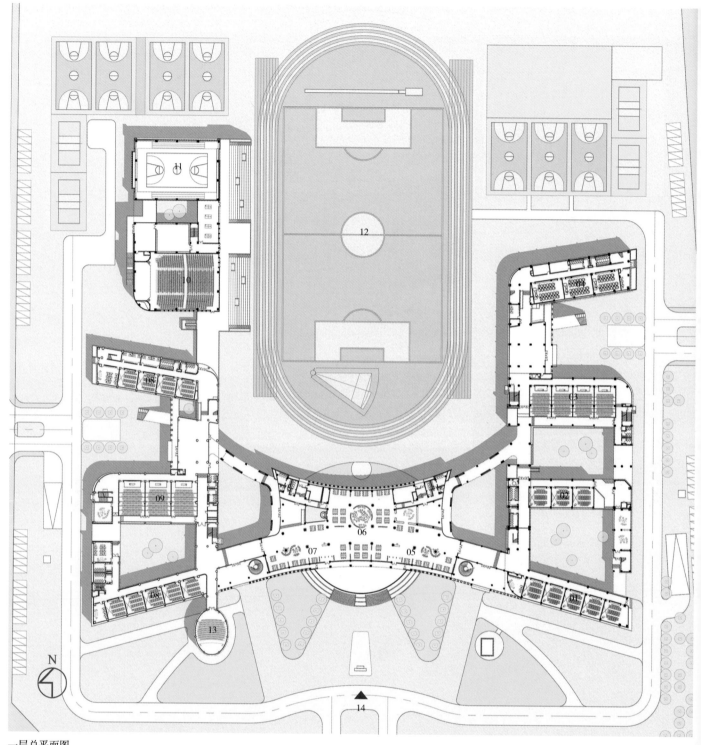

一层总平面图

01. 中学部普通教室 08. 小学部普通教室

02. 中学部通用教室 09. 小学部200人合班教室

03. 中学部150人合班教室 10. 900人报告厅

04. 中学部化学教室 11. 风雨操场

05. 中学部阅览区 12. 运动场

06. 电子阅览区   13. 200人报告厅

07. 小学部阅览区 14. 校园出入口

综合楼局部（组图）

教学区庭院（组图）

室外活动平台

教学楼局部（组图）

项目建筑师：王洪强、张洪川

方案团队：张增武、于文原、袁龙玉、肖瑜、冯诗桐、赵亮、吕一玲

小城更新运动中的校园建造

曹县县城的三所小学：
（曹县磐石路小学、第四完全小学、汉江路小学）

建设单位：曹县教育局

项目地址：山东省菏泽市曹县

设计时间：2018.6

竣工时间：2020.8

办学规模：48班完全小学（磐石路小学）
　　　　　48班完全小学及12班幼儿园（第四完全小学）
　　　　　42班完全小学（汉江路小学）

用地面积：3.06hm^2（磐石路小学）
　　　　　4.33hm^2（第四完全小学）
　　　　　3.59hm^2（汉江路小学）

建筑面积：2.98万㎡（磐石路小学）
　　　　　3.36万㎡（第四完全小学）
　　　　　2.20万㎡（汉江路小学）

项目建筑师：王洪强、张洪川

方案团队：张增武、于文原、袁龙玉、肖瑜、冯诗桐、赵亮、吕一玲

曹县县城的三所小学：
曹县磐石路小学

20世纪末的曹县，放眼望去没有高楼大厦，更像是一个乡镇。街道两侧是低矮破旧的平房，人们骑着带横梁的自行车在坑洼的土路上颠簸，风一吹浮土漫天飞，县城的生活也如那土地般凝固不动。在新的时代风口下，曹县迎来了跨越式的发展，由贫困县转而成为"网络爆梗"的同时，县域也开启了"补账"式的城镇化建设。

校园坐落于旧城与新城更新过渡的缝隙之间：西侧和南侧，旧城边缘延伸出成片密集的低矮坡屋顶民房；北侧和东侧，是簇新的大尺度高层住宅，二者间形成强烈的反差。县城，作为乡村与城市的连接点；校园，作为凌乱旧城与承载美好愿景的新城的连接点。

在这一轮的城市更新进程中，当地政府提出了176所标准化学校的建设计划（包含新建、改建、扩建）。为解决城市更新的过渡期，县域基础教育学位不足的阶段性问题，新建的磐石小学需要在标准办学规模的基础上，预留30%的弹性学位。相应地，按照极限办学规模核算的生均用地仅12.64m²，约合当地标准的60%。

在一个欠发达的县城，趋近1.0的容积率边界，意味着一方面需要利用类"垂直校园"的策略，尽可能为孩子们创造丰富且必要的活动空间；另一方面需要综合平衡建造成本的制约，以及略带"新意"的技术策略本身与相对固化的审查和沟通机制之间的对接。

室外运动场占据了超过半数的校园场地。在局促的用地条件下，室外运动场是校园中最具挖掘潜力的空间。对运动场下部空间的有效利用，能够极大地拓展校园的建筑空间。考虑建造和维护成本的制约，磐石小学运动场下部植入了餐厅、地下车库和家长接送站，未能融入更多的拓展教学和活动功能。

运动场西侧的建筑用地中，通过高度集约的教学综合体，整合了所有教学和室内活动空间。三栋主要教学体量的间距被适当压缩，以保证南侧校园主入口前拥有足够的步行通学缓冲空间。北侧的教学体量略向东错位，以便让出朝向校园北侧水体公园节点的景观视线，也为建筑争取到更好的日照条件。

底层日照不足的房间，与庭院内植入的风雨操场、报告厅、图书馆等相结合，为拓展的教学活动提供支撑，核心教学区的标高被提升至二层以上。上人屋面的整体利用拓展了孩子们的室外活动场地，教室到室外活动场地的流线也一定程度被缩短，孩子们在短课间参与室外活动的频率得到提高。

南北向贯穿的连廊保持教学功能层面的必要联系，同时也能进一步增加孩子们的层间活动空间。教学楼和连廊顶层都处理成半室外的活动空间，坡屋顶元素的演绎，为顶层的活动提供了更好的气候适应性，同时在形式上与旧城风貌发生关联。简单的开洞和格架获取的光影变化，在极低的建造成本控制下，保留了必要的童趣，也让顶层的活动体验更接近旧城街巷。垂直方向上构建的多层次"地面"场所，共同搭建出的"事件空间体系"，融入孩子们的日常活动之中。

教学空间和包括非正式学习空间在内的公共活动空间是构成完整校园的一体两面。在"标准化建设"的话语体系内，活动空间在功能上的从属地位以及难以精确量化的特征往往使之在遭遇外部条件制约的情况下成为首先可以被牺牲的部分，但其本身生动的场所特征，恰恰是整个校园空间体系内，能够切实同所处的环境建立联系，进而形成某种"身份认同"的部分。

在关于上一轮高速城镇化建设的反思中，快速运动式的开发建设、不甚科学的投资和建设决策以及城市特色的缺失被反复诟病。自上而下地考察，"快""省"的确可以是导致"缺失"的充分条件，然而自下而上地反思，建筑师在各种条件下的权衡取舍，才是最终建成环境特色最直接的关联因素。

西侧视角鸟瞰图

教学综合楼

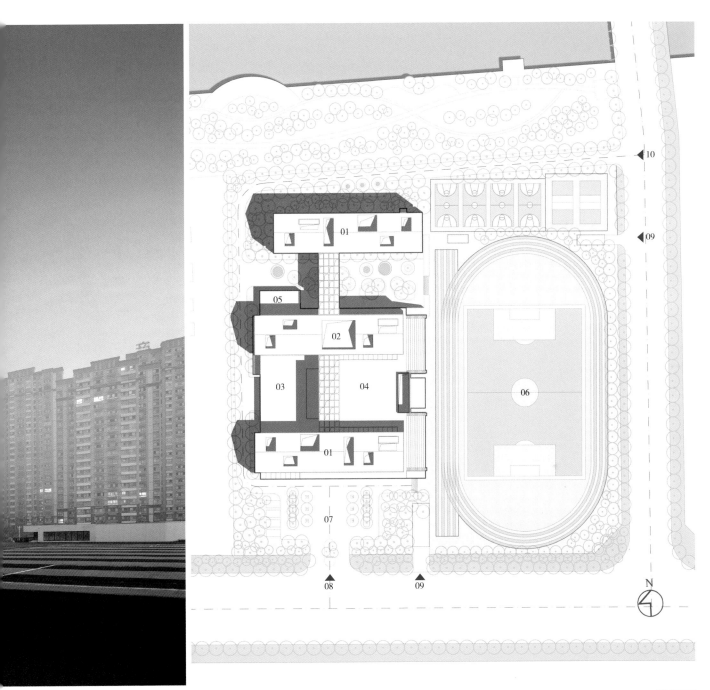

总平面图

01. 标准教学单元	06. 300m运动场
02. 专用教学单元	07. 校前缓冲空间
03. 多功能演艺厅	08. 校园主入口
04. 风雨操场	09. 车库出入口
05. 图书阅览室	10. 校园次入口

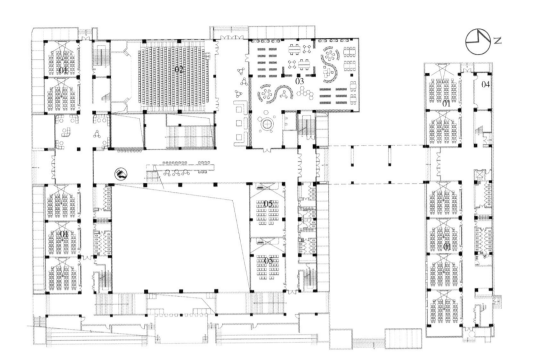

01. 标准教室
02. 500座演艺厅
03. 图书阅览室
04. 教师办公室
05. 专用教室
06. 辅助用房
07. 400座运动场看台
08. 主席台

一层平面图

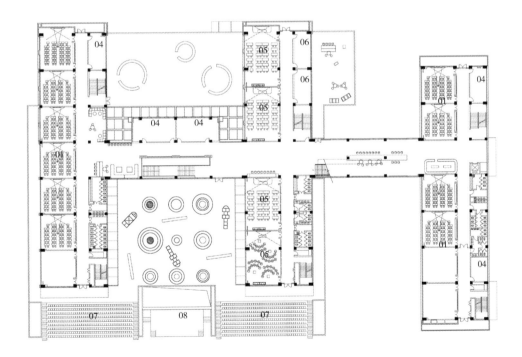

二层平面图

东立面图

南立面（组图）

曹县县城的三所小学：
第四完全小学

第四完全小学南邻环城水系，与旧城区隔环城公园水系相望。相较于磐石路小学，校园受到旧城区尺度和风貌的控制有所弱化，周边社区也在这一轮的城市更新进程中呈现出普遍的尺度跃升。

相对局促的用地条件下，"垂直发展"的校园依然是重要的设计策略。整合了教学、文体活动、餐厅等主要功能模块的建筑体量，一方面适应于更新后的城市尺度，另一方面也通过集约复合的策略，缓解不足当地标准2/3的用地面积带来的约束。

结合一层图书阅览室、陈列厅等大空间，形成丰富的屋面活动平台，为处在较高楼层的孩子们的课间活动提供便利；三层和四层利用教学楼之间的连廊扩展为儿童活动平台，为孩子们构建了一处在阳光下自由奔跑、聊天嬉戏的场所；屋顶花园为孩子们提供多种户外活动和体验的可能性，丰富孩子们的课余生活。

幼儿园是孩子们人生中的第一段校园体验。通过略作曲折的廊道、投射温暖光束的阳台、充满野趣的屋顶花园等多样化场所的营造，希望这里可以为孩子们插上想象的翅膀，成为他们童年梦境的庇护所。

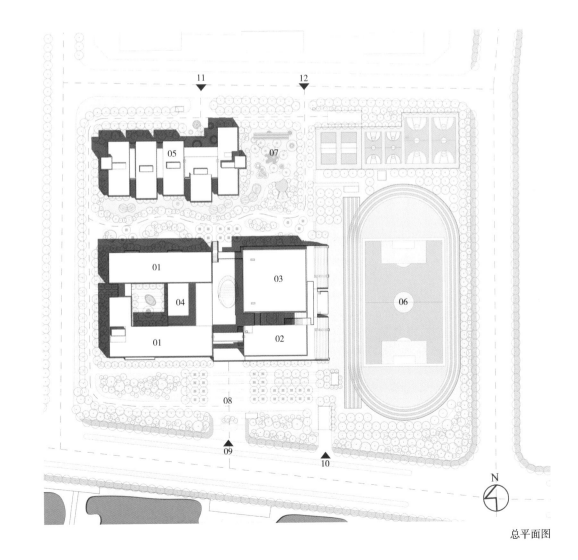

01. 标准教学单元
02. 专用教学单元
03. 艺体中心
04. 图书阅览室
05. 幼儿园
06. 300m运动场
07. 幼儿园活动场地
08. 校前缓冲空间
09. 校园主入口
10. 车库出入口
11. 幼儿园主入口
12. 校园次入口

总平面图

东北视角鸟瞰图

南立面

东南视角鸟瞰图

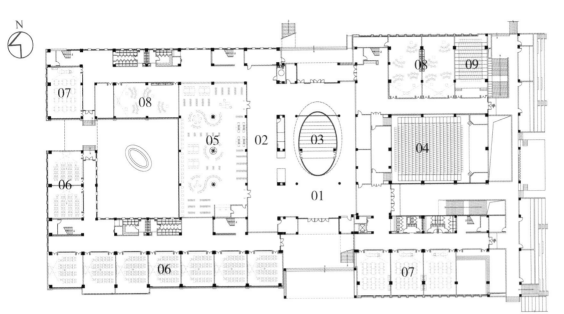

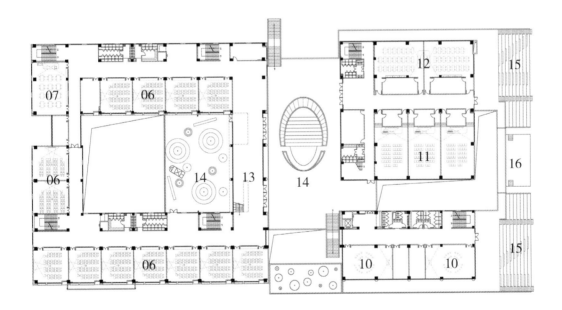

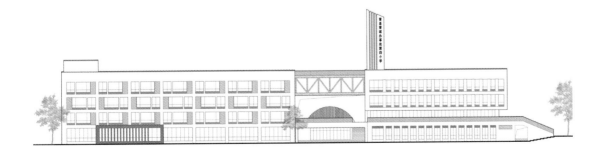

01. 门厅
02. 学生作品陈列
03. 国学讲堂
04. 500座演艺厅
05. 图书阅览室
06. 普通教室
07. 科学实验室
08. 美术教室
09. 合班教室
10. 器乐排练室
11. 音乐教室
12. 书法教室
13. 开放活动空间
14. 屋面活动空间
15. 运动场看台
16. 主席台

教学楼一层平面图

教学楼二层平面图

南立面图

幼儿园

幼儿园细节1(组图)

幼儿园细节2

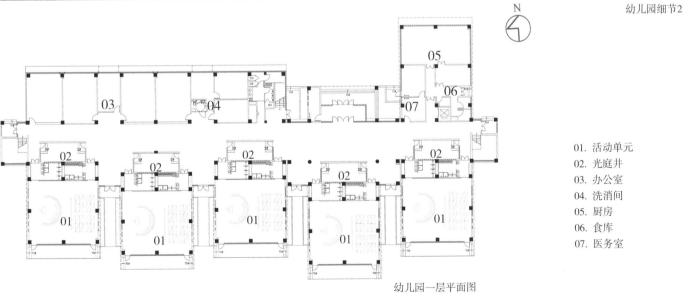

N

幼儿园一层平面图

01. 活动单元
02. 光庭井
03. 办公室
04. 洗消间
05. 厨房
06. 食库
07. 医务室

曹县县城的三所小学：
汉江路小学

汉江路小学位于曹县主城区以北，周边间杂的住区和厂房提示这里曾经是一片田园风貌。两组错置的方院通过屋顶的局部跃升、扭转、嵌套在一起，依然通过集约、复合的策略回应用地条件与活动空间之间的矛盾。同时围合出的两内、两外四处室外活动场地，也为差异化活动体验的营造提供了可能。

传统意义上，屋顶是遮风避雨的建筑构件，将之作为事件化的场所融入孩子们的日常活动当中去，它便成为孩子们穿行、运动、讨论的"甲板"，让校园活动在建筑的剖面上展开；当孩子们亲身参与到小麦生长的全过程之中，当手尖拂过层层麦浪之时，想必也能够让他们更加深刻地理解到祖辈们的生活方式和这片土地的记忆。

在特定的发展阶段内，小城镇基础教育资源的配置与分布同其快速的城镇化进程发生错位，是具有一定普遍性的现象。作为设计者参与到这轮以"行为导向"为目标的"补课"行动中，基于场地环境本身的差异化特征，采用针对性的空间策略，核心是为了营造能够促进多样化教学、开放式活动、为孩子们提供更多自主探究机会的教育空间。

西南视角鸟瞰图

校园主入口

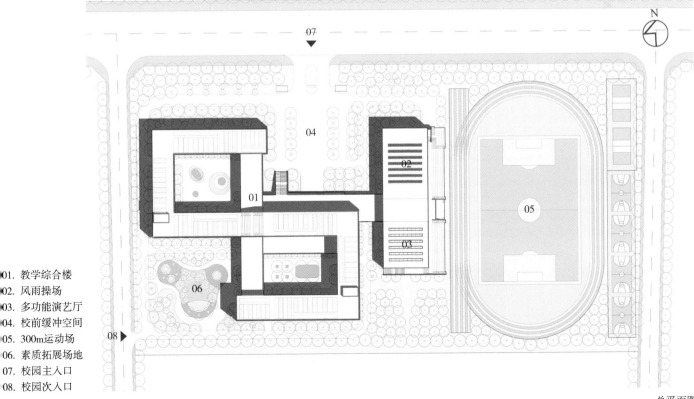

01. 教学综合楼
02. 风雨操场
03. 多功能演艺厅
04. 校前缓冲空间
05. 300m运动场
06. 素质拓展场地
07. 校园主入口
08. 校园次入口

总平面图

西北视角鸟瞰图

活动平台

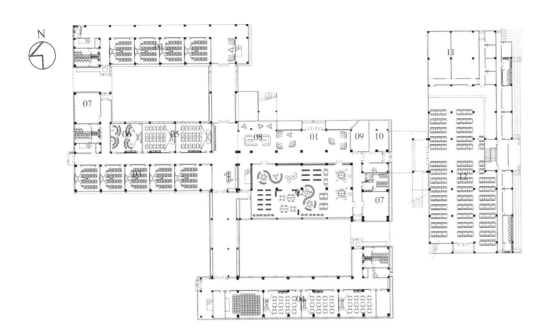

01. 门厅
02. 图书阅览室
03. 普通教室
04. 专用教室
05. 科学教室
06. 美术教室
07. 办公室
08. 学生作品陈列室
09. 值班室
10. 储藏室
11. 主副食加工室
12. 餐厅
13. 400座多功能演艺厅
14. 风雨操场
15. 运动场看台
16. 主席台

一层平面图

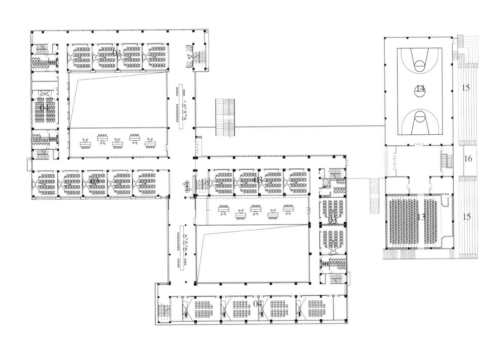

二层平面图

北立面图

教学区庭院

报告厅局部

活动平台

BPD
象外营造

致　谢

凡是过往，皆为序章。如果说过去十余年工作室的设计和研究成果能够算作一点小小的成就的话，那么这些成就的取得，首先要感谢在这些工作的过程中给予我们巨大支持和帮助的教育者和同学们。正是在与这些可敬、可爱的人们反复沟通、相互了解的过程中，我们才得以真正获知基础教育与建筑设计两个领域的行为、关注点和叙事方式的关联和差异，进而通过对前辈同行们优秀案例的解析研读，略窥其间的奥秘与意义。这其中，尤其要感谢271教育集团总校长赵丰平先生长期以来的信任和鼓励，并为我们的各种设计想法提供了大量容错、试错的空间。

同时，作为一个以方案创作为主体的团队，每一个项目的落地实施，都离不开书中未——具名的合作团队的辛勤付出和高质量的协同配合。感谢山东建筑大学吕学昌教授及其规划设计团队，在工作室接触中小学校园设计工作的早期提供的大量优秀规划设计和工作指导。感谢山东建筑大学张军民教授在工作室部分项目的设计过程中给予的宝贵意见和大力支持。此外，在长期的工作磨合中，与中科院建筑设计研究院有限公司山东分公司、山东建筑大学设计集团有限公司、山东万方建筑工程设计有限公司、济南桐林景观设计有限公司、山东轩境装饰设计工程有限公司、亚洲之翼（山东）空间设计有限公司（ASIAWING）等专业化团队建立起的紧密、灵活且默契的协同合作，为设计项目高完成度的落地呈现提供了可靠保障。

感谢正在和曾在工作室工作、实习的建筑师和同学们，这些青春洋溢的面孔以及他们对设计的热情和创造性付出，是工作室得以始终保持创作活力的源泉。

感谢山东建筑大学刘甦教授在百忙之中为本书作序，对工作室的工作给予真诚的鼓励和宝贵的意见。

感谢本书的责任编辑，中国建筑工业出版社的李成成老师和编辑团队对本书的出版付出的大量辛勤、细致的工作和指导。感谢我的研究生张恩蔚、刘元建、王雅姝、王子晗、雒凤伟、李海旭、张瀚铭等几位同学在书稿撰写的过程中，帮助完成了大量图纸资料的整理和编排工作。

本书中未标明资料来源的建筑摄影由时差影像的崔旭峰、榫卯建筑摄影的邵峰提供。其中，271教育集团—济宁海达行知中学、271教育集团—济宁海达行知小学、潍坊峡山双语小学三个项目的建筑摄影由榫卯建筑摄影的邵峰提供，其余项目的建筑摄影由时差影像的崔旭峰提供。

本书由山东建筑大学山东省优势特色学科（建筑学）专项经费资助出版，在此表示由衷的感谢！